U0879989

电网企业劳模培训系列教材

电力调度数据网

国网浙江省电力有限公司　组编

中国电力出版社
CHINA ELECTRIC POWER PRESS

内 容 提 要

本书是“电网企业劳模培训系列教材”之《电力调度数据网》分册，采用“项目—任务”结构进行编写，以劳模跨区培训对象所需掌握专业知识要点、技能要领两个层次进行编排，包括交换机配置、路由器配置、典型案例三部分内容。采用图文并茂解说电力调度数据网的专业技能等内容。

本书可供电网公司电力调度数据网人员学习参考。

图书在版编目（CIP）数据

电力调度数据网/国网浙江省电力有限公司组编. —北京：中国电力出版社，2023.6
电网企业劳模培训系列教材
ISBN 978-7-5198-4650-3

Ⅰ. ①电… Ⅱ. ①国… Ⅲ. ①电力系统调度－数字数据网－技术培训－教材 Ⅳ. ① TM73

中国版本图书馆 CIP 数据核字（2020）第 075192 号

出版发行：中国电力出版社
地　　址：北京市东城区北京站西街 19 号（邮政编码 100005）
网　　址：http://www.cepp.sgcc.com.cn
责任编辑：王蔓莉
责任校对：黄　蓓　郝军燕
装帧设计：张俊霞　赵姗姗
责任印制：石　雷

印　　刷：固安县铭成印刷有限公司
版　　次：2023 年 6 月第一版
印　　次：2023 年 6 月北京第一次印刷
开　　本：710 毫米 ×980 毫米　16 开本
印　　张：9
字　　数：124 千字
印　　数：0001—1000 册
定　　价：45.00 元

丛书序

国网浙江省电力有限公司在国家电网公司领导下，以努力超越、追求卓越的企业精神，在建设具有卓越竞争力的世界一流能源互联网企业的征途上砥砺前行。建设一支爱岗敬业、精益专注、创新奉献的员工队伍是实现企业发展目标、践行“人民电业为人民”企业宗旨的必然要求和有力支撑。

国网浙江公司为充分发挥公司系统各级劳模在培训方面的示范引领作用，基于劳模工作室和劳模创新团队，设立劳模培训工作站，对全公司的优秀青年骨干进行培训。通过严格管理和不断创新发展，劳模培训取得了丰硕成果，成为国网浙江公司培训的一块品牌。劳模工作室成为传播劳模文化、传承劳模精神，培养电力工匠的主阵地。

为了更好地发扬劳模精神，打造精益求精的工匠品质，国网浙江公司将多年劳模培训积累的经验、成果和绝活，进行提炼总结，编制了《电网企业劳模培训系列教材》。该丛书的出版，将对劳模培训起到规范和促进作用，以期加强员工操作技能培训和提升供电服务水平，树立企业良好的社会形象。丛书主要体现了以下特点：

一是专业涵盖全，内容精尖。丛书定位为劳模培训教材，涵盖规划、调度、运检、营销等专业，面向具有一定专业基础的业务骨干人员，内容力求精练、前沿，通过本教材的学习可以迅速提升员工技能水平。

二是图文并茂，创新展现方式。丛书图文并茂，以图说为主，结合典型案例，将专业知识穿插在案例分析过程中，深入浅出，生动易学。除传统图文外，创新采用二维码链接相关操作视频或动画，激发读者的阅读兴趣，以达到实际、实用、实效的目的。

三是展示劳模绝活，传承劳模精神。“一名劳模就是一本教科书”，丛书对劳模事迹、绝活进行了介绍，使其成为劳模精神传承、工匠精神传播的载体和平台，鼓励广大员工向劳模学习，人人争做劳模。

丛书既可作为劳模培训教材，也可作为新员工强化培训教材或电网企业员工自学教材。由于编者水平所限，不到之处在所难免，欢迎广大读者批评指正！

最后向付出辛勤劳动的编写人员表示衷心的感谢！

丛书编委会

前言

本书的出版旨在以电力劳模为核心，以技术创新实践为基础，将劳模精神贯彻到日常工作中，传承电力劳模“努力专研、刻苦求知”的工匠精神，满足一线员工跨区培训的需求，从而达到培养高素质技能人才队伍的目的。

本书在知识内容方面，主要依据《电力监控系统网络安全防护培训教材》，根据电力调度数据网运维人员的工作要求和“实用、实际、实效”原则，以提升岗位能力为核心，涵盖了电力调度数据网的专业知识和技能经验。本书在编写结构方面，采用“项目＋任务”结构，主要包括电力调度数据网交换机和路由器的基本配置、相关技术、安全加固，电力调度数据网典型案例等内容。本书以劳模跨区培训对象所需掌握的专业知识要点、技能要领、典型案例、常见问题的分析和处理、常用命令清单等五个层次进行编排，构架合理，逻辑严谨，理念新颖。尤其在技能要领中，采用图文并茂的方式解说专业知识点，涵盖电力调度数据网运维技术要点等内容。

本书由国网浙江省电力有限公司丽水供电公司吴晓刚任组长，国网浙江省电力有限公司蒋正威、金学奇和国网浙江省电力有限公司丽水供电公司陈楠任副组长，吴新华、钱建国、何绍华、张静、杜倩昀、季青锋、徐文、蒋舒婷、马国梁、阙凌燕、卢敏、孔飘红、祝巍蔚、涂筱莹、褚颖、陈程鹏、蔡杰、胡健鹏、郑江、陈前、齐肇江、陈龙、陈炳亨参与了本书的编写。在此谨向参与本书审稿、业务指导的各位领导、专家和有关单位致以诚挚的感谢！

限于编写时间和编者水平，不足之处在所难免，敬请各位读者批评指正。

目　录

丽水劳模工作室介绍

丽水劳模工作室以“岗位奉献，创新发展”为愿景；以“技能有提升、创新有成效、学习有成果”为目标；以“培养人才队伍、服务中心工作、打造调控品牌”为主旨；充分发挥劳模工作室的先进性，以师带徒，发挥青年主力军作用。邀请全省公司内劳模和业务骨干、技术尖兵，定期为工作室开展授课活动，分享业务心得和职业感悟。

劳模工作室是弘扬新时代劳模建设，发挥劳模作用，加强劳模工作管理的一个新尝试，是开展管理、技术和服务创新的新组织。我们以劳模为核心，以技术创新实践为基础，将劳模精神贯彻到日常的工作中去，努力专研、刻苦求知。随着劳模工作室工作的不断深化开展，为提升调控业务整体水平，培养“高精尖”的调控技术人才，提供了广阔的舞台。

项目一

交换机配置

【项目描述】

本项目包含基本配置、设备管理配置、VLAN 技术、安全加固配置等内容。通过下面四个任务，了解交换技术；熟悉安全加固；掌握交换机的配置等内容。

本项目配置适用设备和版本：HUAWEI S5731－H24T4XC、Version 5. 170（S5731 V200R019C10SPC500）版本。

任务一 基 本 配 置

【任务描述】

本任务主要讲解电力调度数据网中接入交换机的基本配置，主要包括设置交换机的主机名称、时区、时间和保存配置等内容，通过本任务的学习，读者可掌握交换机的基本配置。

【知识要点】

1. 设置交换机的主机名称

给交换机设置一个具有标识意义的主机名称虽不是必需的，但为了管理的方便却是非常必要的，这样能让管理者对交换机的地理位置、交换机类型等信息一目了然，并有效降低交换机误操作。

2. 设置交换机的时区、时间

网络交换机拥有正确的时间，对于排查网络故障具有十分重要的意义，它能让交换机的日志系统准确地记录交换机在某个时间发生的重要事件。

3. 保存配置

当交换机完成配置任务后，对配置文件进行保存是一件必须的工作，否则，一旦交换机断电重启，所有未保存的配置都将丢失。

【技能要领】

1. 设置交换机的主机名称

（1）进入交换机的系统视图模式：

```
<HUAWEI> system-view
```

（2）设置交换机的主机名称为 S1：

```
[HUAWEI] sysname S1
[S1]
```

2. 设置交换机的时区、时间

（1）设置交换机使用的时区为北京时间（东八区）：

```
<S1>clock timezone Beijing add 8
```

（2）设置交换机的时间为 2023 年 01 月 10 日 09：50 分：

```
<S1>clock datetime 09:50:00 2023-01-10
```

3. 保存交换机的配置

在交换机的用户视图模式下：

```
<S1>save
The current configuration will be written to flash:/vrpcfg.zip.
Are you sure to continue? [Y/N]y
```

4. 配置结果验证

知识点 1：通过 display current-configuration | include sysname 命令验证，如图 1-1 所示。

```
<S1>display current-configuration | include sysname
sysname S1
```

图 1-1　sysname 验证结果

知识点 2：通过 display clock 命令验证，如图 1-2 所示。

```
<S1>display clock
2023-01-10 09:52:10+08:00
Tuesday
Time Zone(Beijing) : UTC+08:00
<S1>
```

图 1-2　display clock 验证结果

知识点 3：通过 display saved-configuration 命令验证，如图 1-3 所示。

```
<S1>display saved-configuration
!Software Version V200R019C10SPC500
#
sysname S1
#
authentication-profile name default_authen_profile
authentication-profile name dot1x_authen_profile
authentication-profile name dot1xmac_authen_profile
authentication-profile name mac_authen_profile
authentication-profile name multi_authen_profile
authentication-profile name portal_authen_profile
#
http server-source -i MEth0/0/1
#
clock timezone Beijing add 08:00:00
#
```

图 1-3　display saved-configuration 验证结果

5. 常见问题的分析、处理

（1）配置时区和时间的命令，有些设备应在用户视图模式下进行，而有些设备应在系统视图模式下进行。

（2）配置主机名称应在系统视图模式下进行。

（3）配置进行了任何的增、删、改后，最后都应记得保存配置，否则，交换机断电重启后，所有改动的配置都将丢失，这将可能带来故障。

6. 常用命令清单

（1）clock datetime：设置设备当前日期和时间。

（2）clock timezone：对本地时区信息进行设置。

（3）display clock：查看系统当前日期和时钟。

（4）display current-configuration：查看设备当前生效的配置参数。

（5）display saved-configuration：查看设备下次启动时所用的配置文件。

（6）save：保存当前配置信息到系统默认的存储路径中。

（7）sysname：设置设备的主机名。

任务二　设备管理配置

【任务描述】

本任务主要讲解电力调度数据网中交换机的设备管理配置，主要包括设置交换机的管理地址，限制交换机只能使用 SSH 进行远程登录，禁止 Telnet 登录，限制只有管理权限的网段才能登录交换机等。通过本任务的学习，读者可掌握交换机常用管理配置技能。

【知识要点】

1. 设置交换机的管理地址

为了便于管理员进行远程管理设备，一般会给交换机设置一个管理 IP 地址，这样当需要修改配置或查看设备运行状态或排除故障等时，就不需要到机房中通过设备的 Console 口登录了。

2. 限制交换机只能通过 SSH 服务进行远程登录

由于 Telnet 这种远程登录的方式是明文传输的，因此传输数据有被窃听的可能，因此一般对安全性要求较高的场所，建议使用密文传输的 SSH 服务。

3. 限制交换机的管理网段

为了设备的安全，一般会通过 ACL 策略设定只有网管员、网管机所在的管理网段才能登录设备，最大可能的减小被人为误操作或恶意操作的可能性。

【技能要领】

1. ACL 简介

定义：访问控制列表 ACL（Access Control List）是由一条或多条规则组成的集合。所谓规则，是指描述报文匹配条件的判断语句，这些条件可以是报文的源地址、目的地址、端口号等。ACL 本质上是一种报文过滤器，规则是过滤器的滤芯。设备基于这些规则进报文匹配，可以过滤出特定的报文，并根据应用 ACL 的业务模块的处理策略来允许或阻止该报文通过。

作用：访问控制列表 ACL 可以定义一系列不同的规则，设备根据这些规则对数据包进行分类，并针对不同类型的报文进行不同的处理，从而可以实现对网络访问行为的控制、限制网络流量、提高网络性能、防止网络攻击等。

常用的 ACL 分类，见表 1-1。

表 1-1 常用的 ACL 分类

分类	编号范围	参数
基本 ACL	2000～2999	源 IP 地址等
高级 ACL	3000～3999	源 IP 地址、目的 IP 地址、源端口、目的端口等
二层 ACL	4000～4999	源 MAC 地址、目的 MAC 地址、以太帧协议类型等

ACL 的匹配机制：一个 ACL 可以由多条"deny|permit"语句组成，每一条语句描述一条规则。设备收到数据流量后，会逐条匹配 ACL 规则，看其是否匹配。如果不匹配，则匹配下一条。一旦找到一条匹配的规则，则执行规则中定义的动作，并不再继续与后续规则进行匹配。如果找不到匹配的规则，则设备不对报文进行任何处理。需要特别注意的是配置 ACL 后，还需将 ACL 在业务模块中应用，ACL 才能生效。

2. SSH 简介

SSH 中文名为安全外壳协议，为 Secure Shell 的缩写，由互联网工程任务组（The Internet Engineering Task Force，IETF）的网络小组（Network Working Group）所制定；SSH 为建立在应用层基础上的安全协议。SSH 是目前较可靠，专为远程登录会话和其他网络服务提供安全性的协议。利用 SSH 协议可以有效防止远程管理过程中的信息泄露问题。SSH 最初是 UNIX 系统上的一个程序，后来又迅速扩展到其他操作平台。SSH 在正确使用时可弥补网络中的漏洞。SSH 客户端适用于多种平台。几乎所有 UNIX 平台包括 HP-UX、Linux、AIX、Solaris、Digital UNIX、Irix，以及其他平台，都可运行 SSH。

功能：传统的网络服务程序，如：FTP 和 Telnet 在本质上都是不安全的，因为它们在网络上用明文传送口令和数据，别有用心的人非常容易就可以截获这些口令和数据。而且，这些服务程序的安全验证方式也是有其弱点的，就是很容易受到"中间人"（man-in-the-middle）的攻击。所谓"中间人"的攻击方式，就是"中间人"冒充真正的服务器接收你传给服务器的数据，然后再冒充你把数据传给真正的服务器。服务器和你之间的数据传送被“中间人”一转手做了手脚之后，就会出现很严重的问题。通过使用 SSH，你可以把所有传输的数据进行加密，这样“中间人”攻击方式就不可能实现了，而且也能够防止 DNS 欺骗和 IP 欺骗。使用 SSH，还有一个额外的好处就是传输的数据是经过压缩的，所以可以加快传输的速度。SSH 有很多功能，它既可以代替 Telnet，又可以为 FTP、PPP 提供一个安全的通道。

用户在 PC 机上通过 SSH 客户端软件对交换机进行 STelnet（SSH Telnet）登录，配置思路如下：

（1）PC 机安装 SSH 客户端软件，如 SecureCRT 等。

（2）把交换机作为 SSH 服务器，生成本地密钥对，实现在服务器端和客户端进行安全地数据交互。

（3）在交换机上新建 SSH 用户。

（4）在交换机上开启 STelnet 服务功能。

（5）在交换机上配置 SSH 用户的服务方式为 STelnet。

（6）用户以 STelnet 方式登录交换机。

具体配置详见下面的典型案例。

【典型案例】

1. 案例描述

本案例以某国产交换机品牌为例，简单介绍交换机的管理配置步骤。假设交换机的管理网段为 192.168.71.0/24，网关地址为 192.168.71.254/24，本台交换机的网管地址为 192.168.71.10/24，在交换机中设置本地登录用户 test，密码为密文的 test1234，用户级别设置为管理级 15。同时，只允许 192.168.71.0/24 这个网段远程登录该交换机，且只能用 SSH 远程登录，禁止使用其他的远程登录方式，如 Telnet 等。

2. 技术方案

（1）设备管理配置案例网络拓扑图如图 1-4 所示。

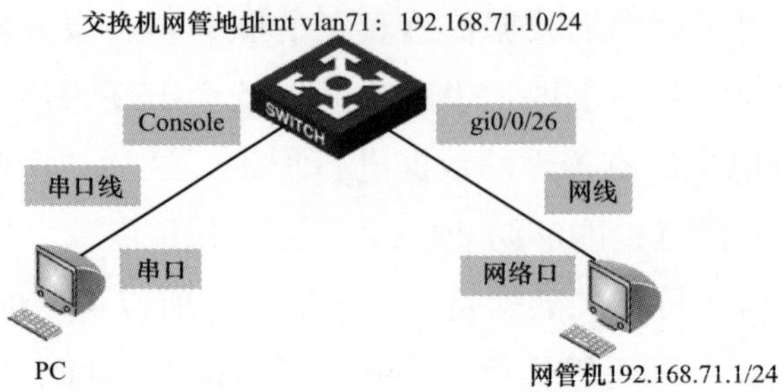

图 1-4 设备管理配置案例网络拓扑图

（2）配置命令。

1）知识点 1：设置交换机的管理地址。

新建一个用于设备管理的 VLAN 71：

```
[S1]vlan 71
```

描述一下 VLAN 71 为网管 VLAN：

```
[S1-vlan 71]description network management vlan
```

进入 VLAN 71 的虚接口配置模式：

```
[S1]interface Vlanif 71
```

设置本台交换机的管理地址为 192.168.71.10/24：

```
[S1-Vlanif 71]ip address 192.168.71.10 24
```

设置一条静态路由，以便别的网段能访问该交换机（假设 192.168.71.0/24 的网关地址为 192.168.71.254/24）：

```
[S1]ip route-staticX.X.X.X X.X.X.X 192.168.71.254
```

2）知识点 2：限制交换机只能通过 SSH 服务进行远程登录。

生成 RSA 密钥：

```
[S1]rsa local - key - pair create
The key name will be: S1_Host
 % RSA keys defined for HUAWEI_Host already exist.
Confirm to replace them? [y/n]:y
The range of public key size is (2048 ~ 4096).
NOTES: If the key modulus is greater than 512,
       it will take a few minutes.
```

```
Input the bits in the modulus[default = 2048]:2048
Generating keys...
...............+++++
[S1]
```

开启交换机 SSH 服务器功能：

```
[S1]stelnet server enable
```

进入 VTY（Virtual Type Terminal）用户视图模式：

```
[S1]user-interface vty 0 4
```

设置验证方式为用户名/密码验证方式：

```
[S1-ui-vty0-4]authentication-mode aaa
```

只允许使用 SSH 方式登录：

```
[S1-ui-vty0-4]protocol inbound ssh
```

退出 VTY 用户视图模式：

```
[S1-ui-vty0-4]quit
```

进入 AAA 配置模式：

```
[S1]aaa
```

新增用户 test，密码为密文的 test1234：

```
[S1-aaa]local-user test password cipher test1234
```

设置用户 test 的用户级别为 15 级（管理级）：

```
[S1-aaa]local-user test privilege level 15
```

设置用户 test 的服务类型为 SSH：

```
[S1-aaa]local-user test service-type ssh
```

退出 AAA 配置模式：

```
[S1-aaa]quit
```

设置 test 用户的验证方式为密码方式：

```
[S1]ssh user test authentication-type password
```

设置 test 用户的登录方式为 SSH：

```
[S1]ssh user test service-type stelnet
```

3）知识点 3：限制交换机的管理网段。

新建一个基本的 ACL 2000：

```
[S1]acl 2000
```

描述一下 ACL2000 的功能为限制 SSH 登录的 IP 地址网段：

```
[S1-acl-basic-2000]description limit use ssh ip address
```

允许 192.168.71.0/24 网段远程登录：

```
[S1-acl-basic-2000]rule 0 permit source 192.168.71.0 0.0.0.255
```

禁止其他网段对该交换机进行远程登录：

```
[S1-acl-basic-2000]rule 5 deny
```

退出 ACL 配置模式：

```
[S1-acl-basic-2000]quit
```

进入 VTY 用户视图模式：

```
[S1]user-interface vty 0 4
```

将 ACL2000 应用在 VTY 虚接口上：

```
[S1-ui-vty0-4]acl 2000 inbound
```

（3）配置结果验证。

1）知识点 1：

确认 VLAN 71 已建立，并将接网管机的 GE0/0/24 口划入 VLAN 71 中，且 GE0/0/24 口处于 UP 状态，如图 1-5 所示。

```
[S1]display vlan
The total number of VLANs is: 2
--------------------------------------------------------------------------------
U: Up;        D: Down;       TG: Tagged;       UT: Untagged;
MP: Vlan-mapping;             ST: Vlan-stacking;
#: ProtocolTransparent-vlan;  *: Management-vlan;
--------------------------------------------------------------------------------

VID Type   Ports
--------------------------------------------------------------------------------
1   common UT:GE0/0/1(D)    GE0/0/2(D)    GE0/0/3(D)    GE0/0/4(D)
              GE0/0/5(D)    GE0/0/6(D)    GE0/0/7(D)    GE0/0/8(D)
              GE0/0/9(D)    GE0/0/10(D)   GE0/0/11(D)   GE0/0/12(D)
              GE0/0/13(D)   GE0/0/14(D)   GE0/0/15(D)   GE0/0/16(D)
              GE0/0/17(D)   GE0/0/18(D)   GE0/0/19(D)   GE0/0/20(D)
              GE0/0/21(D)   GE0/0/22(D)   GE0/0/23(D)   XGE0/0/1(D)
              XGE0/0/2(D)   XGE0/0/3(D)   XGE0/0/4(D)
71  common UT:GE0/0/24(U)

VID Status Property     MAC-LRN Statistics Description
--------------------------------------------------------------------------------
1   enable default      enable  disable    VLAN 0001
71  enable default      enable  disable    VLAN 0071
[S1]
```

图 1-5　VLAN 配置验证结果

确认 VLANIF71 接口已经配上 IP 地址，且接口状态处于 UP 状态，如图 1-6 所示。

```
[S1]display ip interface brief
*down: administratively down
^down: standby
(l): loopback
(s): spoofing
(E): E-Trunk down
The number of interface that is UP in Physical is 2
The number of interface that is DOWN in Physical is 2
The number of interface that is UP in Protocol is 2
The number of interface that is DOWN in Protocol is 2

Interface                 IP Address/Mask      Physical  Protocol
MEth0/0/1                   192.168.1.253/24     down      down
NULL0                     unassigned             up        up(s)
Vlanif1                   1.1.1.1/24           down      down
Vlanif71                  192.168.71.10/24     up        up
```

图 1-6　VLANIF 接口配置验证结果

确认路由已经装入路由表（当别的网段也需要管理该设备时为必须配置命令），如图 1-7 所示。

```
[S1]display ip routing-table
Route Flags: R - relay, D - download to fib, T - to vpn-instance
------------------------------------------------------------------------------
Routing Tables: Public
      Destinations : 5        Routes : 5

Destination/Mask    Proto   Pre  Cost      Flags NextHop         Interface

      0.0.0.0/0   Static  60   0          RD   192.168.71.254  Vlanif71
    127.0.0.0/8   Direct  0    0           D   127.0.0.1       InLoopBack0
   127.0.0.1/32   Direct  0    0           D   127.0.0.1       InLoopBack0
 192.168.71.0/24  Direct  0    0           D   192.168.71.10   Vlanif71
192.168.71.10/32  Direct  0    0           D   127.0.0.1       Vlanif71
```

图 1-7　路由表验证结果

2）知识点 2：网管机上先安装 SecureCRT 软件（安装过程请查阅其他相关资料），然后新建一个连接，如图 1-8 所示。

点击连接后，跳出如图 1-9 所示对话框。

输入密码后，则成功连接至交换机，如图 1-10 所示。

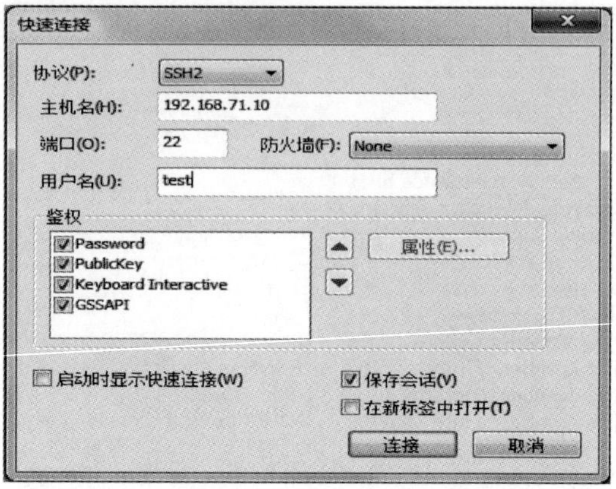

图 1-8 SecureCRT SSH 登录验证（一）

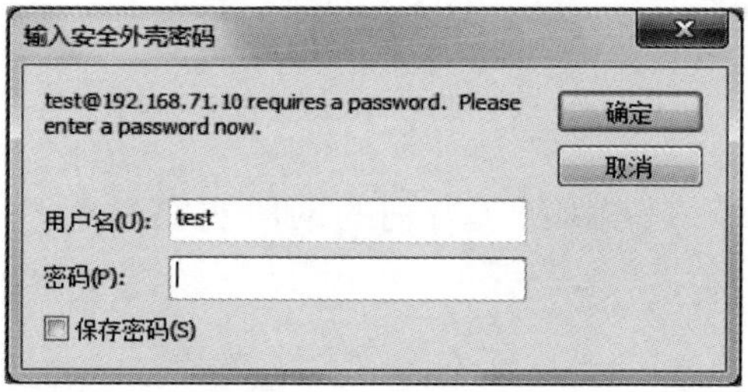

图 1-9 SecureCRT SSH 登录验证（二）

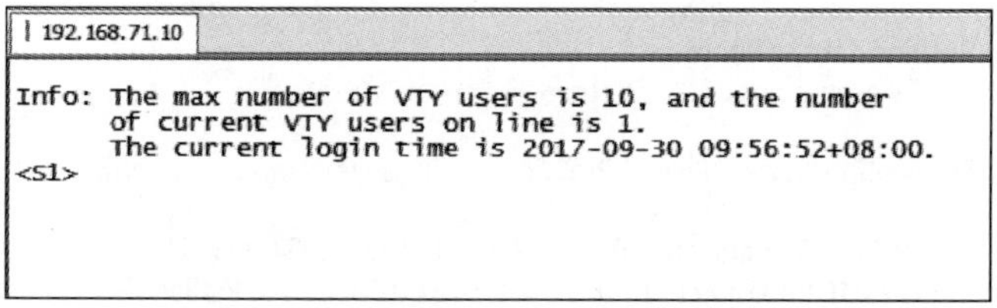

图 1-10 SecureCRT SSH 登录验证（三）

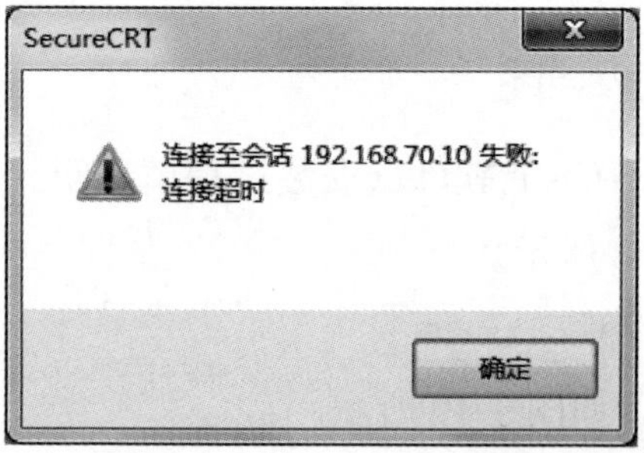

图 1-11 SecureCRT SSH 登录验证（四）

3）知识点 3：用其他网段的 PC 机通过 SSH 服务登录交换机将无法登录成功，结果如图 1-11 所示。

（4）常见问题的分析及处理。

1）配置 SSH 的过程相对较为烦琐，应注意不要遗漏每个配置步骤。

2）基本的 ACL 编号是从 2000～

2999，是基于对源 IP 地址进行限制的，同时，记得要把配置好的 ACL 应用到接口上，否则，ACL 将不会生效。

3）配置 VLANIF 虚接口的 IP 地址时，请注意子网掩码不要输错，同时，至少应保证交换机上有一个业务端口是属于这个 VLAN，并且这个业务端口应处于 UP 状态，否则，VLANIF 接口是不会处于 UP 状态的。

4）二层交换机只能配置一个 VLANIF 地址，一般作为管理 VLAN 的地址，三层交换机可以配置多个 VLANIF 地址。

5）忘记配置静态路由，从而导致除了管理网段的设备能登录外，其他网段均无法正常登录。

（5）常用命令清单。

1）vlan *vlan-id*：创建 VLAN 并进入 VLAN 视图。

2）description：配置描述信息。

3）interface Vlanif：创建 VLANIF 接口并进入 VLANIF 接口视图。

4）ip address：配置接口的 IP 地址。

5）ip route-static：配置单播静态路由。

6）rsa local-key-pair create：生成本地 RSA 主机密钥对和服务器密钥对。

7）stelnet server enable：使能 SSH 服务器端的 STelnet 服务。

8）user-interface vty 0 4：进入编号 VTY 0～VTY 4 的用户界面视图。

9）authentication-mode aaa：设置登录用户界面为 AAA 授权验证方式。

10）protocol inbound ssh：指定 VTY 用户界面只支持 SSH 协议。

11）aaa 进入 AAA 视图。

12）local-user password：配置本地账号的登录口令。

13）local-user privilege：指定本地用户的级别，取值越大，用户的级别越高。

14）local-user service-type ssh：配置本地用户的接入类型为 SSH 用户。

15）ssh user 新建 SSH 用户。

16）ssh user authentication-type password：配置 SSH 用户为密码认证方式。

17）ssh user service-type stelnet：配置 SSH 用户为 STelnet 服务方式。

18）acl *acl-number*：创建一个编号型 ACL，并进入 ACL 视图。

19）rule permit source：配置基本 ACL 的规则，匹配报文的源地址信息，指定允许符合条件的报文。

20）acl inbound：通过引用 ACL，限制相应的用户登录到本设备。

21）display acl：查看 ACL 的配置信息。

22）display acl *acl-number*：查看指定编号的 ACL 的配置信息。

23）display ip interface brief：查看接口与 IP 相关的简要信息。

24）display ip routing-table：查看 IPv4 路由表的信息。

25）display ssh server status：查看 SSH 服务器的全局配置信息。

26）display ssh user-information：查看所有 SSH 用户的配置信息。

27）display vlan：查看 VLAN 的相关信息。

任务三 VLAN 技术

【任务描述】

本任务主要讲解电力调度数据网中交换机的 VLAN 常用配置，主要包括创建 VLAN，将交换机的端口设置成 Access 或 Trunk 模式，设置 Trunk 端口允许通过 VLAN 等。通过本任务的学习，读者可掌握交换机的常用 VLAN 配置技能。

【知识要点】

1. VLAN 简介

VLAN 能将一个物理的局域网在逻辑上划分成多个广播域，通过对 VLAN 的应用，可以灵活、低成本地组建一个高性能、高安全性的网络。

2. 交换机常用的端口类型

交换机内部处理的数据帧一律都带有 VLAN 标签，而与交换机连接的终端设备只会收发 Untagged 帧。要与这些设备交互，需要接口能够识别 Untagged 帧并在收发时给帧添加、剥除 VLAN 标签。同时，还可能会出现同一个 VLAN 的用户可能被连接在不同的交换机上，且跨越交换机的 VLAN 可能还不止一个，这时，如果需要用户间的互通，需要交换机间的接口能够同时识别和发送多个 VLAN 的数据帧。为了适应上述的组网需要，交换机中定义了 Access、Trunk 等多种接口类型。

【技能要领】

1. VLAN 介绍

VLAN（Virtual Local Area Network）即虚拟局域网，是将一个物理的局域网在逻辑上划分成多个广播域的技术。通过在交换机上配置 VLAN，可以实现在同一个 VLAN 内的用户可以进行二层互访，而不同 VLAN 间的用户被二层隔离。这样既能够隔离广播域，又能够提升网络的安全性。VLAN 技术如图 1-12 所示，VLAN 帧格式如图 1-13 所示。

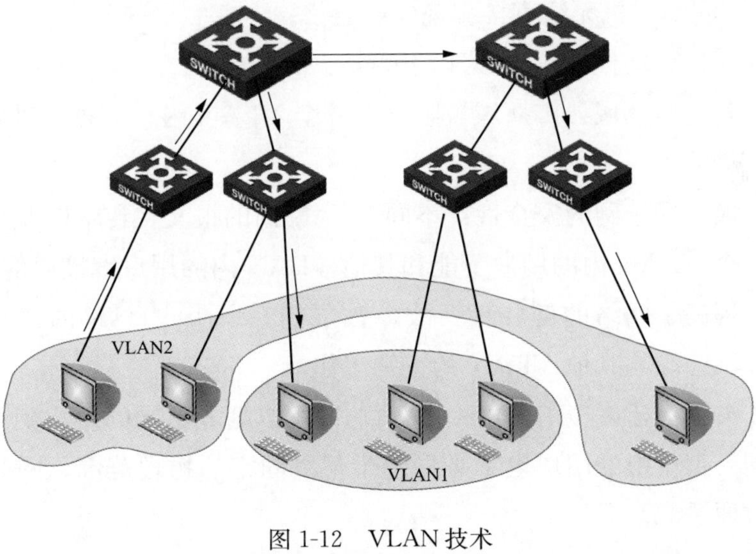

图 1-12 VLAN 技术

VLAN 技术可以将一个物理局域网在逻辑上划分成多个广播域，也就是多个 VLAN。VLAN 技术部署在数据链路层，用于隔离二层流量。同一

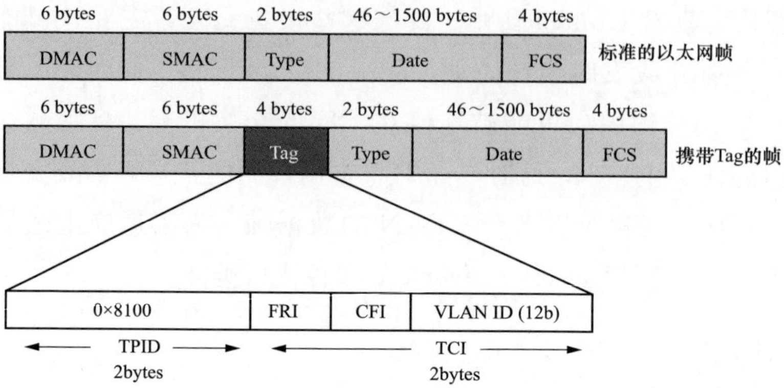

图 1-13　VLAN 帧格式

个 VLAN 内的主机共享同一个广播域，它们之间可以直接进行二层通信。而 VLAN 间的主机属于不同的广播域，不能直接实现二层互通。这样，广播报文就被限制在各个相应的 VLAN 内，同时也提高了网络安全性。图 1-5 中原本属于同一广播域的主机被划分到了两个 VLAN 中，即 VLAN1 和 VLAN2。VLAN 内部的主机可以直接在二层互相通信，VLAN1 和 VLAN2 之间的主机无法直接实现二层通信。

使用 VLAN 能给用户带来以下受益：

（1）限制广播域：广播域被限制在一个 VLAN 内，节省了带宽，提高了网络处理能力。

（2）增强局域网的安全性：不同 VLAN 内的报文在传输时是相互隔离的，即一个 VLAN 内的用户不能和其他 VLAN 内的用户直接通信。

（3）提高了网络的健壮性：故障被限制在一个 VLAN 内，本 VLAN 内的故障不会影响其他 VLAN 的正常工作。

（4）灵活构建虚拟工作组：用 VLAN 可以划分不同的用户到不同的工作组，同一工作组的用户也不必局限于某一固定的物理范围，网络构建和维护更方便灵活。

2. 常用的端口类型介绍

PVID 如图 1-14 所示。

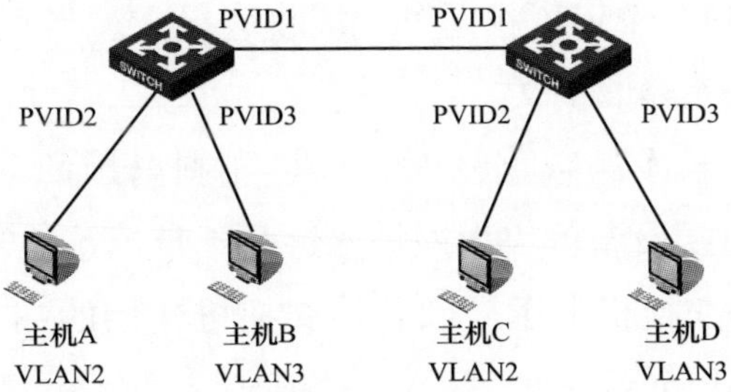

图 1-14 PVID

PVID 即 Port VLAN ID，代表端口的缺省 VLAN。交换机从对端设备收到的帧有可能是 Untagged 的数据帧，但所有以太网帧在交换机中都是以 Tagged 的形式来被处理和转发的，因此交换机必须给端口收到的 Untagged 数据帧添加上 Tag。为了实现此目的，必须为交换机配置端口的缺省 VLAN。当该端口收到 Untagged 数据帧时，交换机将给它加上该缺省 VLAN 的 VLAN Tag。

Access 端口是交换机上用来连接用户主机的端口，它只能连接接入链路，并且只能允许唯一的 VLAN ID 通过本端口。Access 端口如图 1-15 所示。

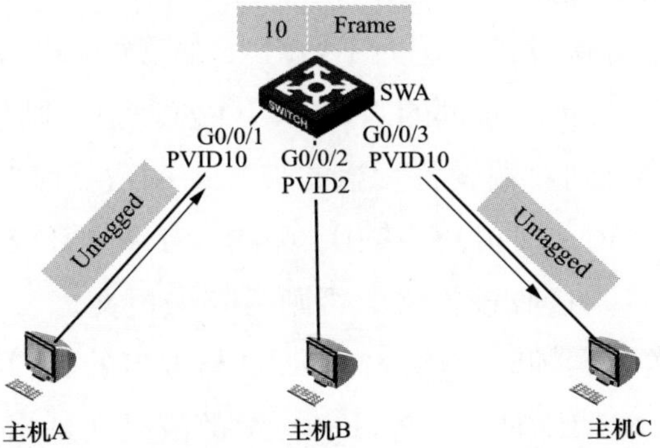

图 1-15 Access 端口

Access 端口收发数据帧的规则如下：

(1) 如果该端口收到对端设备发送的帧是 Untagged（不带 VLAN 标签），交换机将强制加上该端口的 PVID。如果该端口收到对端设备发送的帧是 Tagged（带 VLAN 标签），交换机会检查该标签内的 VLAN ID。当

VLAN ID 与该端口的 PVID 相同时，接收该报文。当 VLAN ID 与该端口的 PVID 不同时，丢弃该报文。

（2）Access 端口发送数据帧时，总是先剥离帧的 Tag，然后再发送。Access 端口发往对端设备的以太网帧永远是不带标签的帧。

Trunk 端口是交换机上用来和其他交换机连接的端口，它只能连接干道链路。Trunk 端口允许多个 VLAN 的帧（带 Tag 标记）通过。Trunk 端口如图 1-16 所示。

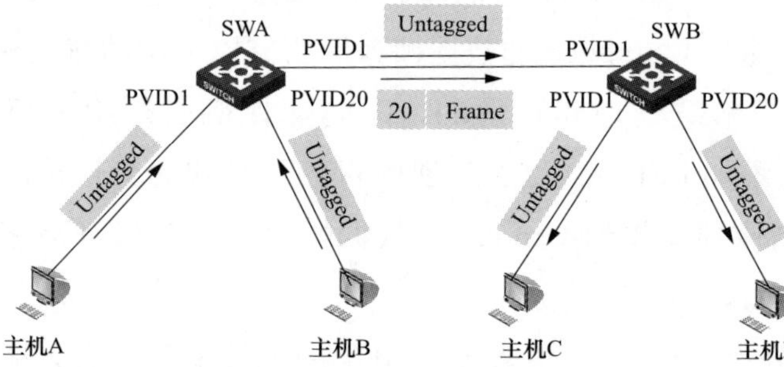

图 1-16 Trunk 端口

Trunk 端口收发数据帧的规则如下：

（1）当接收到对端设备发送的不带 Tag 的数据帧时，会添加该端口的 PVID，如果 PVID 在允许通过的 VLAN ID 列表中，则接收该报文，否则丢弃该报文。当接收到对端设备发送的带 Tag 的数据帧时，检查 VLAN ID 是否在允许通过的 VLAN ID 列表中。如果 VLAN ID 在接口允许通过的 VLAN ID 列表中，则接收该报文。否则丢弃该报文。

（2）端口发送数据帧时，当 VLAN ID 与端口的 PVID 相同，且是该端口允许通过的 VLAN ID 时，去掉 Tag，发送该报文。当 VLAN ID 与端口的 PVID 不同，且是该端口允许通过的 VLAN ID 时，保持原有 Tag，发送该报文。

【典型案例】

1. 案例描述

本案例以某国产交换机品牌为例，简单介绍交换机常用 VLAN 配置步骤。假设有两台交换机，分别接有两台 PC 机，它们的 IP 地址为 192.168.10.0/24 网段，现要将它们分别接入两台交换机的 Ethernet0/0/0/口，并划入 VLAN 10 中，同时要求两台交换机分别通过 GE0/0/1 口连接，并将连接的链路配置成 Trunk 模式，且仅允许 VLAN 10 通过。

2. 技术方案

(1) VLAN 技术案例网络拓扑图如图 1-17 所示。

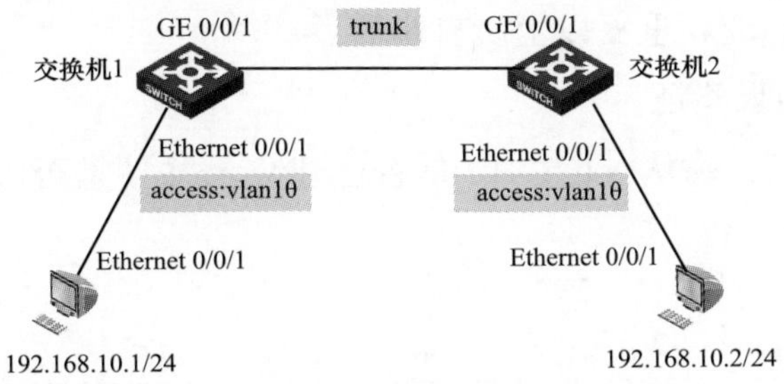

图 1-17 VLAN 技术案例网络拓扑图

(2) 配置命令。

1) 知识点 1：创建 VLAN 及 VLAN 描述信息。

进入交换机 S1 的系统视图模式：

```
<S1>system-view
```

新建 VLAN 10：

```
[S1]vlan 10
```

VLAN10 为实时业务 VLAN，为其增加描述信息：

```
[S1-vlan10]description shishiyewu
```

进入交换机 S2，重复以上步骤。

2) 知识点 2：端口类型的配置。

进入交换机 S1 的 Ethernet0/0/1 的端口配置模式：

```
[S1]interface Ethernet0/0/1
```

将端口设置为 Access 模式

```
[S1-Ethernet0/0/1]port link-type access
```

将端口划入 VLAN 10 中：

[S1-Ethernet0/0/1]port default vlan 10

进入 Gigabit Ethernet0/0/1 的端口配置模式：

[S1]interface Gigabit Ethernet0/0/1

将端口设置为 Trunk 模式

[S1-GigabitEthernet0/0/1]port link-type trunk

在 Trunk 端口中仅允许 VLAN 10 通过：

[S1-GigabitEthernet0/0/1]port trunk allow-pass vlan 10

进入交换机 S2，重复以上所有步骤。

（3）配置结果验证。

1）知识点 1：确认 VLAN10 是否已建立，并且是否添加了描述信息，如图 1-18 所示。

```
[S1]display vlan
The total number of vlans is : 2
--------------------------------------------------------------------------------
U: Up;          D: Down;          TG: Tagged;          UT: Untagged;
MP: Vlan-mapping;                 ST: Vlan-stacking;
#: ProtocolTransparent-vlan;      *: Management-vlan;
--------------------------------------------------------------------------------

VID  Type    Ports
--------------------------------------------------------------------------------
1    common  UT:Eth0/0/1(U)      Eth0/0/2(D)      Eth0/0/3(D)      Eth0/0/4(D)
                Eth0/0/5(D)      Eth0/0/6(D)      Eth0/0/7(D)      Eth0/0/8(D)
                Eth0/0/9(D)      Eth0/0/10(D)     Eth0/0/11(D)     Eth0/0/12(D)
                Eth0/0/13(D)     Eth0/0/14(D)     Eth0/0/15(D)     Eth0/0/16(D)
                Eth0/0/17(D)     Eth0/0/18(D)     Eth0/0/19(D)     Eth0/0/20(D)
                Eth0/0/21(D)     Eth0/0/22(D)     GE0/0/1(U)       GE0/0/2(D)

10   common

VID  Status  Property      MAC-LRN Statistics Description
--------------------------------------------------------------------------------

1    enable  default       enable  disable    VLAN 0001
10   enable  default       enable  disable    shishiyewu
```

图 1-18　VLAN 验证结果

2）知识点 2：确认 Ethernet0/0/1 口已配置成 Access 端口，如图 1-19 所示。

```
[S1]display current-configuration  interface e0/0/1
#
interface Ethernet0/0/1
 port link-type access
 port default vlan 10
#
```

图 1-19　Access 端口配置验证

3）知识点 3：确认端口已经划入 VLAN10 中，且处于 UP 状态，如图 1-20 所示。

```
[S1]dis vlan
The total number of vlans is : 2
--------------------------------------------------------------------------------
U: Up;          D: Down;            TG: Tagged;           UT: Untagged;
MP: Vlan-mapping;                   ST: Vlan-stacking;
#: ProtocolTransparent-vlan;        *: Management-vlan;
--------------------------------------------------------------------------------

VID  Type     Ports
--------------------------------------------------------------------------------
1    common   UT:Eth0/0/2(D)      Eth0/0/3(D)       Eth0/0/4(D)       Eth0/0/5(D)
                 Eth0/0/6(D)      Eth0/0/7(D)       Eth0/0/8(D)       Eth0/0/9(D)
                 Eth0/0/10(D)     Eth0/0/11(D)      Eth0/0/12(D)      Eth0/0/13(D)
                 Eth0/0/14(D)     Eth0/0/15(D)      Eth0/0/16(D)      Eth0/0/17(D)
                 Eth0/0/18(D)     Eth0/0/19(D)      Eth0/0/20(D)      Eth0/0/21(D)
                 Eth0/0/22(D)     GE0/0/1(U)        GE0/0/2(D)

10   common   UT:Eth0/0/1(U)

VID  Status  Property      MAC-LRN Statistics Description
--------------------------------------------------------------------------------

1    enable  default       enable  disable    VLAN 0001
10   enable  default       enable  disable    shishiyewu
```

图 1-20 Access 端口划入 VLAN 验证结果

4）知识点 4：确认 GE0/0/1 端口已配置成 Trunk 端口，如图 1-21 所示。

```
[S1]display current-configuration interface gi0/0/1
#
interface GigabitEthernet0/0/1
 port link-type trunk
 port trunk allow-pass vlan 10
#
return
```

图 1-21 Trunk 端口配置验证

5）知识点 5：确认端口仅允许 VLAN10 通过，且处于 UP 状态，如图 1-22 所示。

（4）常见问题的分析及处理。

1）在使用 VLAN 之前，应该先建立该 VLAN。

2）一般多台交换机互连或交换机与路由器相连时才用 Trunk 模式，接 PC、服务器的端口一般都用 Access 模式。

3）配置 Trunk 模式时，应注意在互连的两台设备的两个互连端口上都要做相应的配置，并保持配置一致。

```
[S1]display vlan
The total number of vlans is : 2
--------------------------------------------------------------------------------
U: Up;          D: Down;            TG: Tagged;          UT: Untagged;
MP: Vlan-mapping;                   ST: Vlan-stacking;
#: ProtocolTransparent-vlan;        *: Management-vlan;
--------------------------------------------------------------------------------

VID  Type    Ports
--------------------------------------------------------------------------------
1    common  UT:Eth0/0/2(D)      Eth0/0/3(D)      Eth0/0/4(D)      Eth0/0/5(D)
                Eth0/0/6(D)      Eth0/0/7(D)      Eth0/0/8(D)      Eth0/0/9(D)
                Eth0/0/10(D)     Eth0/0/11(D)     Eth0/0/12(D)     Eth0/0/13(D)
                Eth0/0/14(D)     Eth0/0/15(D)     Eth0/0/16(D)     Eth0/0/17(D)
                Eth0/0/18(D)     Eth0/0/19(D)     Eth0/0/20(D)     Eth0/0/21(D)
                Eth0/0/22(D)     GE0/0/1(U)       GE0/0/2(D)

10   common  UT:Eth0/0/1(U)
             TG:GE0/0/1(U)

VID  Status  Property      MAC-LRN Statistics Description
--------------------------------------------------------------------------------

1    enable  default       enable  disable    VLAN 0001
10   enable  default       enable  disable    shishiyewu
```

图 1-22 Trunk 端口划入 VLAN 验证结果

4）在 Trunk 模式中，一般为了安全，应尽量只允许该通过的 VLAN 通过。

（5）常用命令清单。

1）vlan *vlan-id*：创建 VLAN 并进入 VLAN 视图。

2）description：配置描述信息。

3）interface interface-type interface-number：进入指定的接口或子接口视图。

4）port link-type access：配置接口的链路类型为 Access。

5）port default vlan vlan-id：配置接口的缺省 VLAN 并同时加入这个 VLAN。

6）port link-type trunk：配置接口的链路类型为 Trunk。

7）port trunk allow-pass vlan：配置 Trunk 类型接口加入的 VLAN。

8）display vlan：查看 VLAN 的相关信息。

9）display current-configuration：查看设备当前生效的配置参数。

10）display current-configuration interface：查看设备当前生效的接口配置参数。

任务四 安全加固配置

【任务描述】

本任务主要讲解电力调度数据网中交换机的简单加固配置命令，主要包括端口安全（MAC 地址绑定），关闭不使用的业务和端口，设置交换机的 Console 口认证等内容。通过本任务的学习，读者可掌握交换机的简单加固的配置技能。

【知识要点】

1. 端口安全（MAC 地址绑定）

通过将交换机接口与其接入的终端设备的 MAC 地址建立对应关系，阻止非法用户通过本接口和交换机通信，从而增强设备的安全性。

2. 关闭不使用的业务和端口

在分析交换机业务需求的基础上，按照最小授权原则（除非有明确的访问需求，否则默认关闭访问通道），关闭不使用的业务端口，关闭不需要开启的服务等，如关闭 FTP、NDP 服务等。

3. 设置交换机的 Console 口认证

交换机默认情况下，Console 口是没有密码的，为了配置安全，通常会为其配置一个口令，以增强安全性。

4. IP Source Guard 绑定功能

通过配置基于静态绑定表的 IPSG，对非信任接口上接收的 IP 报文进行过滤控制，可以有效防止恶意主机盗用合法主机的 IP 地址来仿冒合法主机后非法访问网络。

【技能要领】

1. 端口安全

端口安全（Port Security）通过将接口学习到的动态 MAC 地址转换为

安全MAC地址（包括安全动态MAC、安全静态MAC和Sticky MAC），阻止非法用户通过本接口和交换机通信，从而增强设备的安全性。

安全MAC地址的分类与说明见表1-2。

表1-2　　安全MAC地址的分类与说明

类型	定义	特点
安全动态MAC地址	使能端口安全而未使能Sticky MAC功能时转换的MAC地址	设备重启后表项会丢失，需要重新学习。 缺省情况下不会被老化，只有在配置安全MAC的老化时间后才可以被老化。 安全动态MAC地址的老化类型分为：绝对时间老化和相对时间老化。 （1）如设置绝对老化时间为5min：系统每隔1min计算一次每个MAC的存在时间，若大于等于5min，则立即将该安全动态MAC地址老化。否则，等待下1min再检测计算。 （2）如设置相对老化时间为5min：系统每隔1min检测一次是否有该MAC的流量。若没有流量，则经过5min后将该安全动态MAC地址老化
安全静态MAC地址	使能端口安全时手工配置的静态MAC地址	不会被老化，手动保存配置后重启设备不会丢失
Sticky MAC地址	使能端口安全后又同时使能Sticky MAC功能后转换到的MAC地址	不会被老化，手动保存配置后重启设备不会丢失

超过安全MAC地址限制数后的动作。接口上安全MAC地址数达到限制后，如果收到源MAC地址不存在的报文，端口安全则认为有非法用户攻击，就会根据配置的动作对接口做保护处理。缺省情况下，保护动作是丢弃该报文并上报告警。端口安全的保护动作见表1-3。

表1-3　　端口安全的保护动作

动作	实现说明
restrict	丢弃源MAC地址不存在的报文并上报告警。推荐使用restrict动作
protect	只丢弃源MAC地址不存在的报文，不上报告警
shutdown	接口状态被置为error-down，并上报告警。 默认情况下，接口关闭后不会自动恢复，只能由网络管理人员在接口视图下使用restart命令重启接口进行恢复。 如果用户希望被关闭的接口可以自动恢复，则可在接口error-down前通过在系统视图下执行error-down auto-recovery cause port-security interval *interval-value* 命令使能接口状态自动恢复为Up的功能，并设置接口自动恢复为Up的延时时间，使被关闭的接口经过延时时间后能够自动恢复

2. Console 认证方式

为保证 Console 登录的安全，在登录设备前需配置认证方式。Console 提供了以下三种认证方式：

（1）AAA 认证。登录时需输入用户名和密码。设备根据配置的 AAA 用户名和密码验证用户输入的信息是否正确，如果正确，允许登录，否则拒绝登录。配置步骤如下：

执行命令 system-view，进入系统视图。

执行命令 user-interface console 0，进入 Console 用户界面视图。

执行命令 authentication-mode aaa，设置用户认证方式为 AAA 认证。

执行命令 quit，退出 Console 用户界面视图。

执行命令 aaa，进入 AAA 视图。

执行命令 local-user *user-name* password irreversible-cipher *password*，创建本地用户，并配置对应的登录密码。

执行命令 local-user *user-name* service-type terminal，配置本地用户的接入类型为 Console 用户。

执行命令 quit，退出 AAA 视图。

（2）Password 认证。也称密码认证，登录时需输入正确的认证密码。如果用户输入的密码与设备配置的认证密码相同，允许登录，否则拒绝登录。配置步骤如下：

执行命令 system-view，进入系统视图。

执行命令 user-interface console 0，进入 Console 用户界面视图。

执行命令 authentication-mode password，设置用户认证方式为密码认证。

执行命令 set authentication password [cipher *password*]，设置认证密码。

缺省情况下，设备允许的明文密码最小长度是 8。可以适当增加密码的长度要求，使密码复杂度增加，从而提高设备的安全性。执行命令 set password min-length *length*，设置设备允许的明文密码最小长度。

（3）None 认证。也称不认证，登录时不需要输入任何认证信息，可直接登录设备。配置步骤如下：

执行命令 system-view，进入系统视图。

执行命令 user-interface console 0，进入 Console 用户界面视图。

执行命令 authentication-mode none，设置用户认证方式为不认证。

3. IP Source Guard 绑定功能

通过 IP Source Guard 绑定功能，可以对端口转发的报文进行过滤控制，防止非法报文通过端口，提高了端口的安全性。端口接收到报文后查找 IP Source Guard 绑定表项，如果报文中的特征项与绑定表项中记录的特征项匹配，则端口转发该报文，否则做丢弃处理。

IP Source Guard 支持的报文特征项包括：源 IP 地址、源 MAC 地址和 VLAN 标签。并且，可支持端口与如下特征项的组合（下文简称绑定表项）：①IP、MAC、IP＋MAC；②IP＋VLAN、MAC＋VLAN、IP＋MAC＋VLAN。

该特性提供两种触发绑定的机制：一种是通过手工配置方式提供绑定表项，称为静态绑定；另外一种由 DHCP Snooping 或者 DHCP Relay 提供绑定表项，称为动态绑定。而且，绑定是针对端口的，一个端口被绑定后，仅该端口被限制，其他端口不受该绑定影响。IP Source Guard 功能与端口加入聚合组及端口加入业务环回组互斥。

配置静态绑定。系统视图下执行命令 user-bind static{{{ip-address | ipv6-address}{*start-ip*[to *end-ip*]}&<1-10>| ipv6-prefix *prefix/prefix-length*} | mac-address *mac-address*}* [interface *interface-typeinterface-number*][vlan *vlan-id*[ce-vlan *ce-vlan-id*]]。

（1）绑定策略：不支持一个端口上相同表项的重复绑定；相同的表项可以在多个端口上绑定。

（2）合法的绑定条目的 MAC 地址不能为全 0、全 F（广播 MAC）和组播 MAC。IP 地址必须为 A、B、C 三类地址之一，不能为 127. x. x. x 和 0. 0. 0. 0。

（3）静态绑定表项配置只能在二层以太网接口下进行。

【典型案例】

1. 案例描述

本案例以某国产交换机品牌为例，简单介绍交换机的加固配置。假设有一台交换机，只允许其 Ethernet0/0/1 口接一台 PC 机，这台 PC 的 MAC 地址为 5489-98AC-6832，并把 Ethernet0/0/1 划入 VLAN10 中，同时物理关闭交换机上不用的 Ethernet0/0/2-Ethernet0/0/20 端口，设置交换机的 CONSOLE 口登录密码为 test1234。

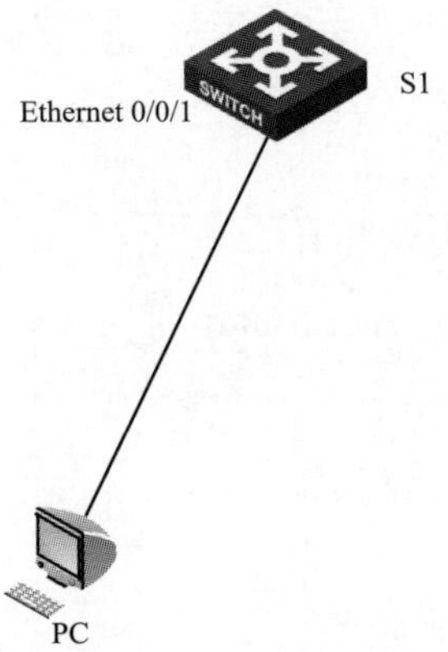

图 1-23 安全加固配置案例网络拓扑图

2. 技术方案

(1) 安全加固配置案例网络拓扑图，如图 1-23 所示。

(2) 配置命令。

1) 知识点 1：MAC 地址绑定。

进入端口的配置模式：

```
[S1]interface Ethernet0/0/1
```

开启端口安全功能：

```
[S1-Ethernet0/0/1]port-security enable
```

限制合法的接入终端总数为 1 个（系统默认为 1 个）：

```
[S1-Ethernet0/0/1]port-security max-mac-num 1
```

开启端口 Sticky MAC 功能：

```
[S1-Ethernet0/0/1]port-security mac-address sticky
```

设置该端口允许接入的合法终端的 MAC 地址：

```
[S1-Ethernet0/0/1]
port-security mac-address sticky 5489-98AC-6832 vlan 10
```

2) 知识点 2：关闭不使用的业务和端口。

关闭暂时不用的 NDP 服务：

[S1]undo ndp enable

进入端口配置模式：

[S1]interface Ethernet0/0/2

关闭空闲端口 Ethernet0/0/2：

[S1-Ethernet0/0/2]shutdown

批量关闭空闲端口 Ethernet0/0/3-Ethernet0/0/20：

新建一个端口组 1：[S1] port-group 1

把 Ethernet0/0/3-Ethernet0/0/20 加入端口组 1 中：

[S1-port-group-1]group-member Ethernet 0/0/3 to Ethernet 0/0/20

关闭端口组 1：[S1-port-group-1] shutdown

3）知识点 3：设置交换机的 Console 口登录密码。

进入 Console 口端口配置模式：

[S1]user-interface console 0

设置 Console 端口为密码认证模式：

[S1-ui-console0]authentication-mode password

设置 Console 口的登录密码为密文 test1234

[S1-ui-console0]set authentication password ciphertest1234

（3）配置结果验证。

1）知识点 1：确认端口安全的配置已生效，如图 1-24 所示。

```
[S1-Ethernet0/0/1]display this
#
interface Ethernet0/0/1
 port link-type access
 port default vlan 10
 port-security enable
 port-security mac-address sticky
#
return
```

图 1-24　端口安全配置验证

确认端口已绑定正确的 MAC 地址，如图 1-25 所示。

2）知识点 2：确认 NDP 服务已被禁用，如图 1-26 所示。

确认空闲端口的工作状态为物理 down 和协议 down 状态，如图 1-27 所示。

```
[S1]display mac-address
MAC address table of slot 0:
-------------------------------------------------------------------------------
MAC Address    VLAN/       PEVLAN CEVLAN Port            Type      LSP/LSR-ID
               VSI/SI                                              MAC-Tunnel
-------------------------------------------------------------------------------
5489-98ac-6832 10          -      -      Eth0/0/1        sticky    -
-------------------------------------------------------------------------------
Total matching items on slot 0 displayed = 1
```

图 1-25 端口绑定 MAC 地址验证结果

```
[S1]display ndp
 Neighbor discovery protocol is disabled.
 Neighbor Discovery Protocol Ver: 1, Hello Timer: 60(s), Aging Timer: 180(s)
```

图 1-26 NDP 服务禁用验证

```
[S1]display interface brief
PHY: Physical
*down: administratively down
(l): loopback
(s): spoofing
(b): BFD down
(e): ETHOAM down
(dl): DLDP down
(d): Dampening Suppressed
InUti/OutUti: input utility/output utility
Interface                   PHY   Protocol InUti OutUti   inErrors  outErrors
Ethernet0/0/1               up    up          0%     0%          0          0
Ethernet0/0/2               *down down        0%     0%          0          0
Ethernet0/0/3               *down down        0%     0%          0          0
Ethernet0/0/4               *down down        0%     0%          0          0
Ethernet0/0/5               *down down        0%     0%          0          0
Ethernet0/0/6               *down down        0%     0%          0          0
Ethernet0/0/7               *down down        0%     0%          0          0
Ethernet0/0/8               *down down        0%     0%          0          0
Ethernet0/0/9               *down down        0%     0%          0          0
Ethernet0/0/10              *down down        0%     0%          0          0
Ethernet0/0/11              *down down        0%     0%          0          0
Ethernet0/0/12              *down down        0%     0%          0          0
Ethernet0/0/13              *down down        0%     0%          0          0
Ethernet0/0/14              *down down        0%     0%          0          0
Ethernet0/0/15              *down down        0%     0%          0          0
Ethernet0/0/16              *down down        0%     0%          0          0
Ethernet0/0/17              *down down        0%     0%          0          0
Ethernet0/0/18              *down down        0%     0%          0          0
Ethernet0/0/19              *down down        0%     0%          0          0
Ethernet0/0/20              *down down        0%     0%          0          0
```

图 1-27 端口工作状态验证

3）知识点 3：退出交换机的配置模式后，如果再进入则需要输入密码，如图 1-28 所示。

```
<S1>quit

User interface con0 is available

Please Press ENTER

Login authentication

Password:
```

图 1-28 验证交换机密码登录

（4）常见问题的分析及处理。

1）一般在做 MAC 地址绑定中，通常都把该端口允许通过的最大 MAC 地址数设为 1（1 为系统默认），该值如果设置大了，可能会造成起不到绑定的目的。

2）Console 口的密码应妥善保存，一旦丢失，可能需要重启设备，从而引起业务中断，如果操作不当，甚至还可能有配置文件丢失的风险。

（5）常用命令清单。

1）port-security enable：使能端口安全功能。

2）port-security max-mac-num *max-number*：配置端口安全 MAC 地址学习限制数。

3）port-security mac-address sticky：使能接口 Sticky MAC 功能。

4）ndp enable：使能全局 NDP 或接口 NDP 功能。

5）shutdown：关闭当前接口。

6）authentication-mode password：设置登录用户界面为密码验证方式。

7）set authentication password cipher：设置认证密码。

8）display current-configuration：查看设备当前生效的配置参数。

9）display this：查看系统当前视图的运行配置。

10）display mac-address：查看所有类型的 MAC 地址表项信息。

11）display ndp：查看全局或指定接口的 NDP 信息。

12）display ip interface brief：查看接口与 IP 相关的简要信息。

项目二

路由器配置

【项目描述】

本项目包含基本配置、OSPF 协议、BGP 协议、MPLS 技术、BGP/MPLS VPN 体系结构、安全加固配置等内容。通过下面六个任务，了解路由协议；熟悉安全加固；掌握路由器的配置等内容。

本项目配置适用设备和版本：HUAWEI AR 6280、Version 5.170（V300 RO19C13SPC200）版本。

任务一　基　本　配　置

【任务描述】

本任务主要讲解电力调度数据网中路由器的基本配置，主要包括设置路由器的主机名称，设置时区、时间，SSH 远程登录，端口 IP，VLAN，LoopBack 虚拟接口和保存配置等内容，通过本任务的学习，读者可掌握路由器的基本配置。

【知识要点】

1. 设置路由器的主机名称

给路由器设置一个具有标识意义的主机名称虽不是必需的，但为了管理的方便却是非常必要的，这样能让管理者对路由器的地理位置、路由器类型等信息一目了然，并有效降低路由器误操作。

2. 设置路由器的时区、时间

网络路由器拥有正确的时间，对于排查网络故障具有十分重要的意义，它能让路由器的日志系统准确地记录路由器在某个时间发生的重要事件。

3. SSH 远程登录

远程登录可以管理网络设备，SSH 可提高其安全性。

4. 保存配置

当路由器完成配置任务后，对配置文件进行保存是一件必须的工作，不然，一旦设备断电重启，所有未保存的配置都将丢失。

【技能要领】

1. 设置路由器的主机名称命令

```
[Huawei]sysname  ZJ-XXX.R1
```

2. 设置时区、时间

```
<ZJ-XXX.R1>clock timezone Beijing add 8
<ZJ-XXX.R1> clock datetime 15:00:00 2023-01-10
```

3. SSH 远程登录

```
[ZJ-XXX.R1]stelnet server enable
[ZJ-XXX.R1]rsa local-key-pair create
[ZJ-XXX.R1]aaa
[ZJ-XXX.R1-aaa]local-user admin password cipher admin@123
[ZJ-XXX.R1-aaa]local-user admin service-type ssh
[ZJ-XXX.R1-aaa]local-user admin privilege level 15
[ZJ-XXX.R1]user-interface vty 0 4
[ZJ-XXX.R1-ui-vty0-4]authentication-mode aaa
```

4. 端口 IP 配置

```
[ZJ-XXX.R1]interface GigabitEthernet0/0/0
[ZJ-XXX.R1-GigabitEthernet0/0/0]ip    address  10.10.12.1  255.255.255.0
```

5. 保存配置

```
<ZJ-XXX.R1>save
```

任务二　OSPF 协议

【任务描述】

本任务主要讲解开放最短路径优先协议（Open Shortest Path First，OSPF）内容。通过知识要点、技能要领、典型案例等，了解 OSPF 原理；熟悉 OSPF 协议；掌握 OSPF 配置等内容。

【知识要点】

（1）无路由自环：由于 OSPF 根据收集到的链路状态用最短路径树算

法计算路由，从算法本身保证了不会生成自环路由。

（2）可适应大规模网络：支持各种规模的网络。

（3）路由变化收敛速度快：在网络的拓扑结构发生变化后立即发送更新报文，使这一变化在自治系统中同步。

（4）支持区域划分：允许自治系统的网络被划分成区域来管理，区域间传送的路由信息被进一步抽象，从而减少了占用的网络带宽。

（5）支持等值路由：支持到同一目的地址的多条等值路由。

（6）支持验证：支持基于接口的报文验证以保证路由计算的安全性。

（7）支持路由分级管理：使用 4 类不同的路由，按优先顺序来说分别是区域内路由、区域间路由、第一类外部路由、第二类外部路由。

（8）支持以组播方式发送协议报文：协议报文支持以组播形式发送。

【技能要领】

开放最短路径优先协议是 IETF 组织开发的一个基于链路状态的内部网关协议。目前使用的是版本 2（RFC2328），其特性如下：

1. 路由器 ID 号

一台路由器如果要运行 OSPF 协议，必须存在 RouterID。如果没有配置 ID 号，系统会从当前接口的 IP 地址中自动选一个作为路由器的 ID 号，选择方式如下：如果有 LoopBack 接口地址，就选 IP 地址数值最大的 LoopBack 地址；如果没有配置 LoopBack 接口地址，就选 IP 地址数值最大的物理接口地址。

2. DR 和 BDR

（1）指定路由器 DR（Designated Router）。在多路访问网络中，如果路由器之间两两建立邻接关系，会导致在路由交换时同一个 LSA 在网络内部被多次重复传递，浪费了宝贵的带宽资源。为了解决这一问题，OSPF 协议规定，在多路访问网络中必须选举 DR，网络中的路由器只和 DR（以及后面提到的 BDR）建立邻接关系并交换路由，两台非 DR 和 BDR 路由器之间不建立邻接关系，也不交换路由信息。哪一台路由器会成为本网段内的DR并不是人为指定的，而是由本网段中所有的路由器共同选举出来的。

（2）备份指定路由器BDR（Backup Designated Router）。如果DR由于某种故障而失效，这时必须重新选举DR，并与之同步。这需要较长的时间，在这段时间内，路由计算是不正确的。为了能够缩短这个过程，OSPF提出了BDR的概念。BDR实际上是对DR的一个备份，在选举DR的同时也选举出BDR，BDR也和本网段内的所有路由器建立邻接关系并交换路由信息。当DR失效后，BDR会立即成为DR。

3. 区域（Area）

随着网络规模日益扩大，当一个巨型网络中的路由器都运行OSPF路由协议时，路由器数量的增多会导致LSDB非常庞大，占用大量的存储空间，并使得运行SPF算法的复杂度增加，导致CPU负担很重；并且，网络规模增大之后，拓扑结构发生变化的概率也增大，网络会经常处于“动荡”之中，造成网络中会有大量的OSPF协议报文在传递，降低了网络的带宽利用率。而且每一次变化都会导致网络中所有的路由器重新进行路由计算。

OSPF协议通过将自治系统划分成不同的区域（Area）来解决上述问题。区域是在逻辑上将路由器划分为不同的组。区域的边界是路由器，这样会有一些路由器属于不同的区域，连接骨干区域和非骨干区域的路由器称作区域边界路由器——ABR，ABR与骨干区域之间既可以是物理连接，也可以是逻辑上的连接。

4. 骨干区域和虚连接

（1）骨干区域（BackboneArea）。OSPF划分区域之后，并非所有的区域都是平等的关系。其中有一个区域是与众不同的，它的区域号（AreaID）是0，通常被称为骨干区域。

（2）虚连接（VirtualLink）。由于所有区域都必须与骨干区域连通，特别引入了虚连接的概念，使那些物理上和骨干区域分离的区域仍可在逻辑上保持和骨干区域的连通性。

5. 路由聚合

AS被划分成不同的区域，每一个区域通过OSPF边界路由器（ABR）

相连，区域间可以通过路由汇聚来减少路由信息，减小路由表的规模，提高路由器的运算速度。ABR 在计算出一个区域的区域内路由之后，根据聚合相关设置，将其中多条 OSPF 路由聚合成一条发送到区域之外。

6. 邻居表的建立

一台新加入 OSPF 区域的路由器首先要跟邻居路由器建立邻接关系，过程如图 2-1 和图 2-2 所示。

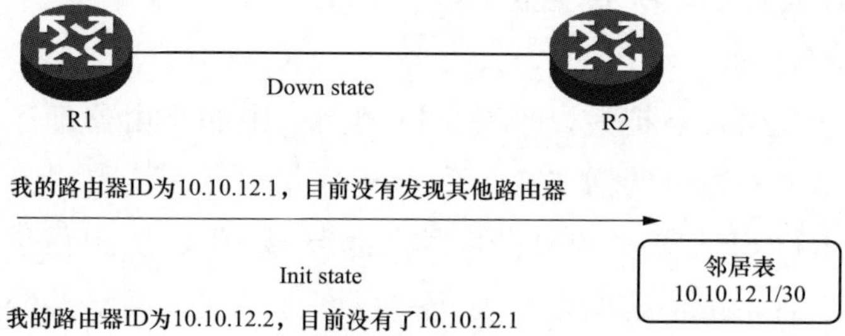

图 2-1 邻居表建立过程（一）

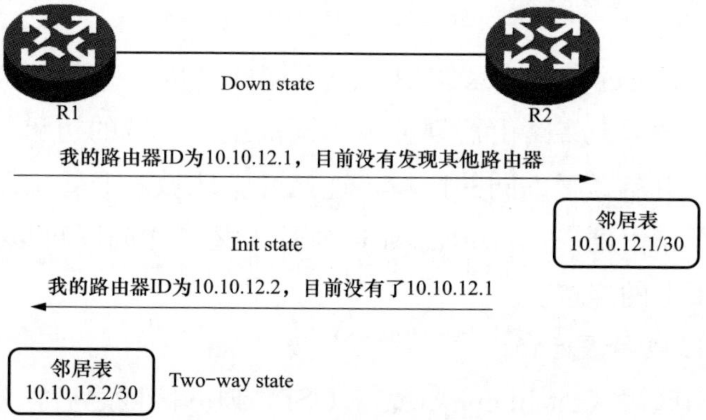

图 2-2 邻居表建立过程（二）

新路由器发出第一个 hello 分组以后等待应答，等待的时间间隔为 hello 分组的 4 倍时间间隔的状态为路由器的初始状态，等待期间，新路由器从另外一台路由器那里收到 hello 分组，并获知 DR 和 BDR，如果没有，则开始选择。

网络上的其他路由器收到新路由器发的 hello 分组以后将该路由器的 router ID 加入拓扑数据库中，并发一回应 hello 分组，其中包含自己的

router ID 和一个由所有邻居组成的列表。

新路由器看到自己的 ID 出现在其他路由器应答的邻居表中就建立了邻接关系，新路由器将其状态改为双向。

7. 拓扑表的建立

(1) 预启动状态：其中一台路由器成为主路由器，两个邻居根据接口的 IP 地址的大小来确定主/从关系，主路由器负责发起通信。如图 2-3 所示。

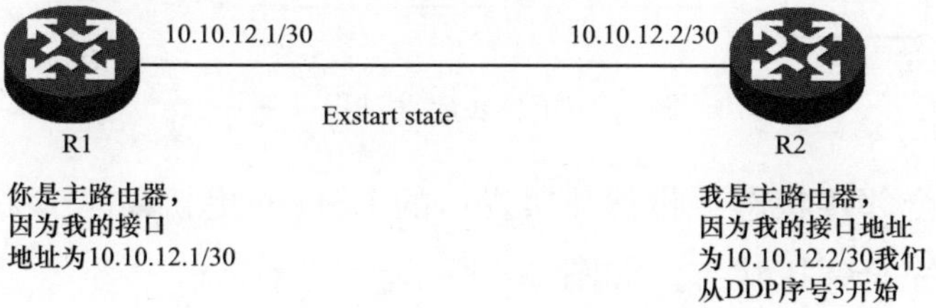

图 2-3 拓扑表建立过程（一）

(2) 交换状态：两台路由器都发送 DDP（数据库描述分组），DR 发送一系列的数据库描述分组，其中包含了存储在其拓扑数据库中的网络。DDP 中包含所有必要的信息，其路由器从邻接路由器那里收到 DDP 后，将其同自己的拓扑表进行比较。如图 2-4 所示。

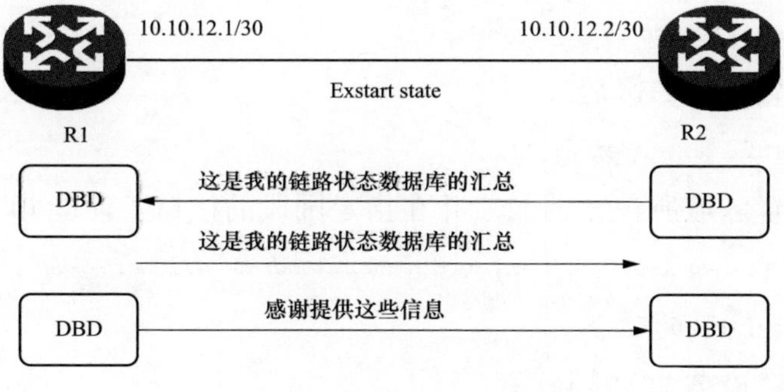

图 2-4 拓扑表建立过程（二）

(3) 加载状态：新路由器需要更详细的信息，将使用链路状态请求分组报文（Link State Request Packet，LSR）分组请求有关特定链路的详细信息。新路由器等待邻居的链路状态更新报文（Link State Update Packet，

LSU)。如图 2-5 所示。

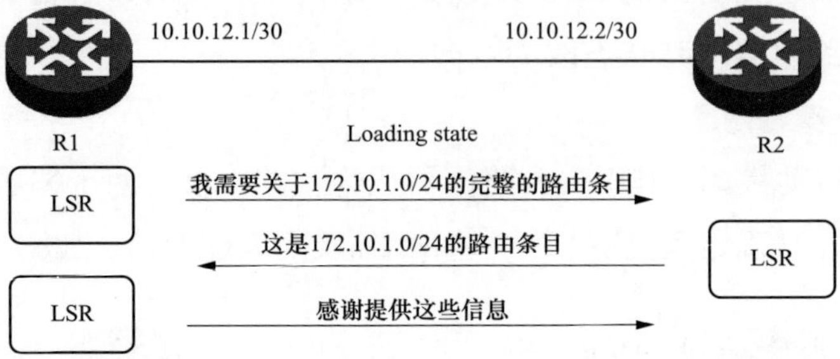

图 2-5 拓扑表建立过程(三)

(4)完全邻接状态:收到邻居发送的 LSU 并更新和同步拓扑数据库后邻居便处于完全邻接状态。如图 2-6 所示。

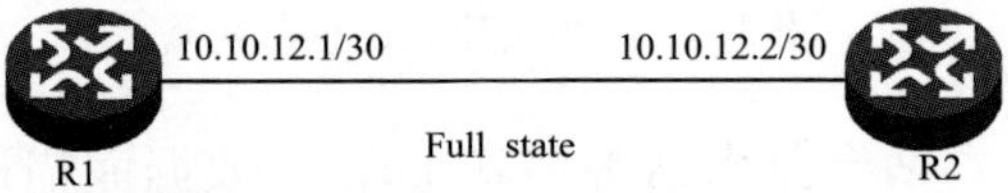

图 2-6 拓扑表建立过程(四)

8. 配置 OSPF 基本功能

(1)启动 OSPF 进程。

[Router]ospf*process-id*

(2)配置 OSPF 区域。

[Router-ospf-1]area*area-id*

(3)配置区域所包含的网段并在指定网段的接口上使能 OSPF。

[Router-ospf-1-area-0. 0. 0. 0]network *network-address wildcard-mask*

9. Router ID 的配置

(1)配置设备的 Router ID。

[Router]router id *router-id*

这种配置方法,所有协议的 Router ID 都被指定。

(2)配置 OSPF 协议的 Router ID。

[Router]ospf *process-id* router-id *router-id*

这种配置方法，只配置 OSPF 协议使用的 Router ID。

10. 显示 OSPF 邻居信息

```
[Router]display ospf peer
```

11. 显示 OSPF 接口信息

```
[Router]display ospf interface
```

12. 显示 OSPF 路由信息

```
[Router]display ospf routing
```

13. 显示 IP 路由表中的 OSPF 路由

```
[Router]display ip routing-table
```

【典型案例】

1. 案例描述

通过本案例学习基本掌握调度数据网实际应用中路由器的 OSPF 配置。

2. 技术方案

（1）OSPF 协议案例网络拓扑图如图 2-7 所示。

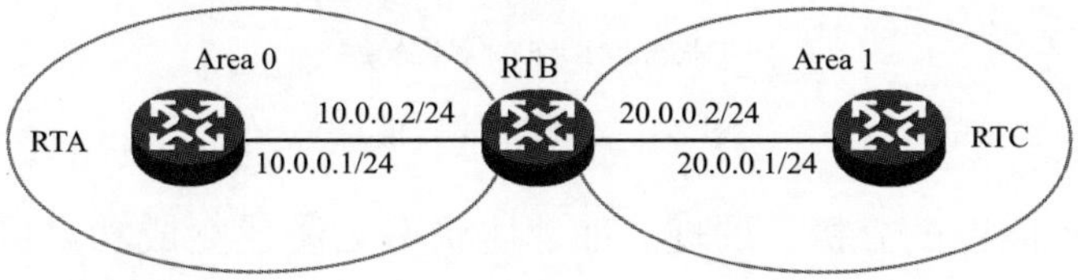

图 2-7 OSPF 协议案例网络拓扑图

（2）配置脚本。

1）RTA 配置：

```
[RTA] ospf 1 router-id 1. 1. 1. 1
[RTA-ospf-1] area 0
[RTA-ospf-1-area-0. 0. 0. 0] network 10. 0. 0. 0 0. 0. 0. 255
```

2）RTB 配置：

```
[RTB] ospf 1 router-id 2. 2. 2. 2
[RTB-ospf-1] area 0
[RTB-ospf-1-area-0. 0. 0. 0] network 10. 0. 0. 0 0. 0. 0. 255
```

[RTB-ospf-1-area-0. 0. 0. 0] quit

[RTB-ospf-1] area 1

[RTB-ospf-1-area-0. 0. 0. 1] network 20. 0. 0. 0 0. 0. 0. 255

3）RTC 配置：

[RTC] ospf 1 router-id 3. 3. 3. 3

[RTC-ospf-1] area 1

[RTC-ospf-1-area-0. 0. 0. 1] network 20. 0. 0. 0 0. 0. 0. 255

（3）配置结果验证。显示 OSPF 邻居信息，如图 2-8 所示。

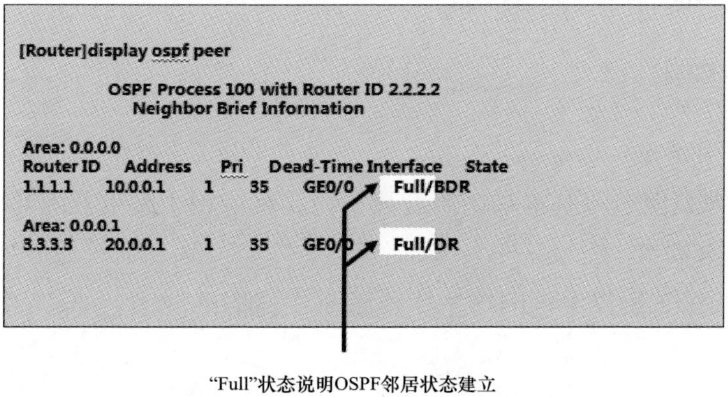

图 2-8　OSPF 邻居信息

（4）常见问题的分析、处理。如邻居状态无法建立成功，可查看直连路由能否 PING 通。

（5）其他常用命令清单。

1）显示 OSPF 摘要信息。

[Router]display ospf brief

2）显示 OSPF 统计信息。

[Router]display ospf cumulative

3）显示 OSPF 的错误信息。

[Router]display ospf error

4）显示 OSPF 的 LSDB 信息。

[Router]display ospf lsdb

任务三 BGP 协议

【任务描述】

本任务主要讲解边界网关协议（Border Gateway Protocol，BGP）内容。通过知识要点、技能要领、典型案例等，了解 BGP 原理；熟悉 BGP 协议；掌握 BGP 配置等内容。

【知识要点】

（1）BGP 是自治系统外部路由协议，用来在 AS 之间传递路由信息；

（2）路径矢量路由协议，从设计上避免了环路的发生；

（3）由 TCP 协议承载，端口号是 179；

（4）支持 CIDR 和路由聚合；

（5）路由附带丰富的属性；

（6）只发送增量路由更新；

（7）路由过滤和路由策略。

【技能要领】

BGP 是一种用于自治系统间的动态路由协议，作为应用于 AS 间的路由协议，BGP 经常的被应用于大规模的网络中，而这些大规模的网络中存在 BGP 对等体众多、路由表庞大等问题。

（1）AS _ PATH 属性如图 2-9 所示。AS _ PATH 属性是公认必遵属性；是路由到达一个目的地所经过的一系列自治系统号码的有序列表；当 BGP 将一条路由通告到其他 AS 时，便会把自己的 AS 号添加在 AS _ PATH 列表的最前面。

（2）NEXT _ HOP 属性如图 2-10 所示。NEXT _ HOP 属性是公认必遵属性；为 BGP 发言者指示去往目的地的下一跳。

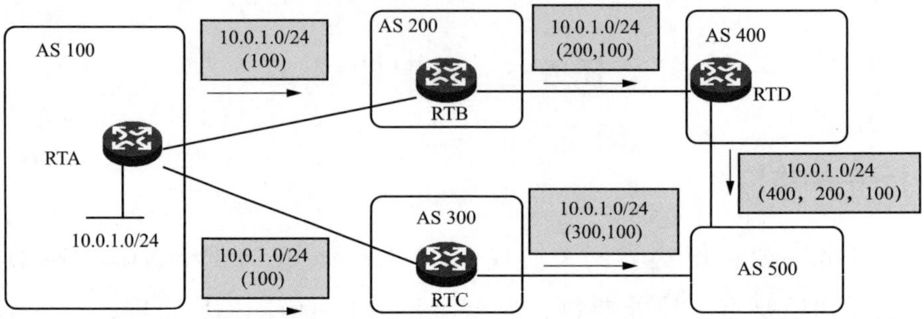

图 2-9 AS _ PATH 属性

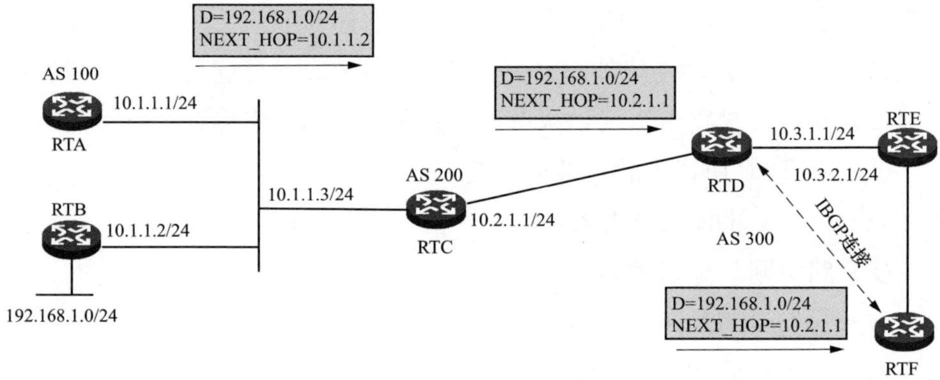

图 2-10 NEXT _ HOP 属性

（3）ORIGIN 属性。ORIGIN 属性定义路由信息的来源，标记一条路由是怎么成为 BGP 路由的。ORIGIN 属性类型有如下三种：①IGP：表明路由信息产生于 AS 内部，一般是聚合路由或者通过 Network 命令引入的路由。②EGP：路由信息是通过 EGP 协议引入的。③Incomplete：路由信息是通过其他方式得来的，一般是通过 Import 引入的 IGP 路由或者静态路由。在其他选路因素相同的情况下，BGP 会比较 ORIGIN 属性来确定到达相同目的地的最佳路由：IGP 优先于 EGP，EGP 优先于 Incomplete。

（4）LOCAL _ PREF 属性如图 2-11 所示。LOCAL _ PREF 属性是公认可选属性；用于 AS 内 IBGP 邻居选择离开本 AS 时的最佳路由，它表明 BGP 路由器的优先级；仅在 IBGP 对等体之间交换，不传递或通告给其他

EBGP 对等体。

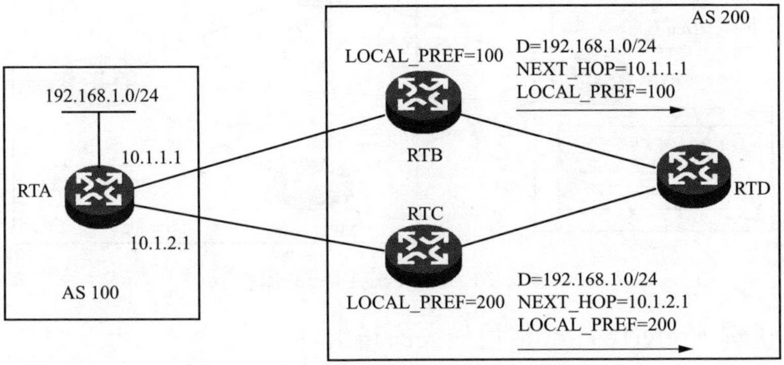

图 2-11 LOCAL _ PREF 属性

(5) MED (MULTI _ EXIT_DISC) 属性如图 2-12 所示。MED (MULTI _ EXIT _ DISC) 属性是可选非传递属性；相当于 IGP 路由协议使用的度量值 metric，当一个 AS 有多个入口点时，用于判断流量进入 AS 时的最优路径；仅在相邻两个 AS 之间传递，收到此属性的 AS 一方不会再将其通告给任何其他第三方 AS。

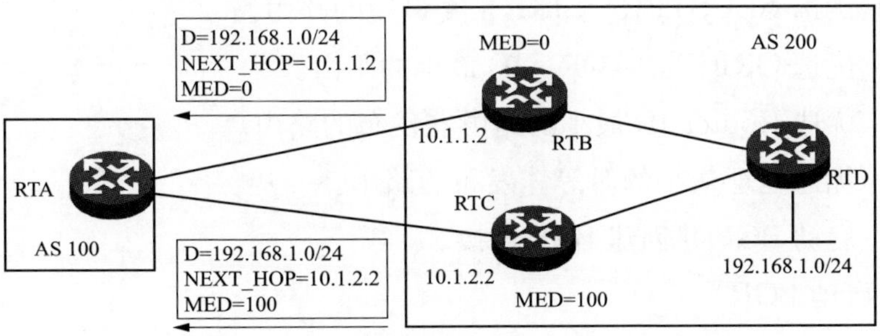

图 2-12 MED (MULTI _ EXIT _ DISC) 属性

(6) Preferred-value 属性如图 2-13 所示。Preferred-value 属性是私有 BGP 属性；为从对等体接收的路由分配首选值，从而影响选路；只在本地有效，不随路由信息传播。

(7) BGP 的路由优选。

1) 首先丢弃下一跳 (NEXT _ HOP) 不可达的路由。

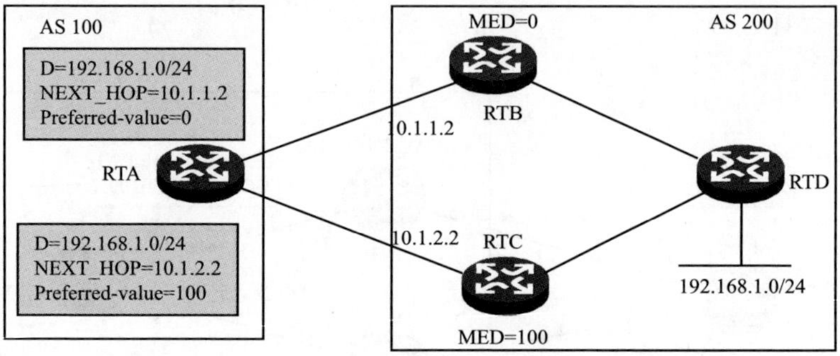

图 2-13 Preferred-value 属性

2）优选 Preferred-value 值最大的路由。

3）优选本地优先级（LOCAL _ PREF）最高的路由。

4）优选聚合路由。

5）优选 AS 路径（AS _ PATH）最短的路由。

6）依次选择 ORIGIN 属性为 IGP、EGP、Incomplete 的路由。

7）优选 MED 值最低的路由。

8）依次选择从 EBGP、联盟、IBGP 学习的路由。

9）优选下一跳度量值最低的路由。

10）优选 CLUSTER _ LIST 长度最短的路由。

11）优选 ORIGINATOR _ ID 最小的路由。

12）优选 Router ID 最小的路由器发布的路由。

13）优选地址最小的对等体发布的路由。

（8）启动 BGP 并创建 BGP 连接。

1）启动 BGP。

```
[Router]bgp as-number
```

2）配置 Router ID。

```
[Router-bgp] router-id router-id
```

3）指定 BGP 对等体及 AS 号。

```
[Router-bgp] peer ip-address  as-number as-number
```

（9）优化 BGP 连接。

1）指定建立 TCP 连接使用的源接口。

[Router-bgp] peer ip-address connect-interface interface-type interface-number

2）配置允许同非直接相连网络上的邻居建立 EBGP 连接。

[Router-bgp] peer ip-address ebgp-max-hop [hop-count]

（10）配置 BGP 生成路由。

1）将本地路由发布到 BGP 路由表中。

[Router-bgp] network ip-address [mask | mask-length] [route-policy route-policy-name]

2）引入其他路由协议的路由。

[Router-bgp] import-route protocol [process-id | all-processes] [med med-value | route-policy route-policy-name]

（11）显示 BGP 对等体的信息。

<Router> display bgp peer

（12）大规模 BGP 网络所遇到的问题。大规模 BGP 网络如图 2-14 所示。

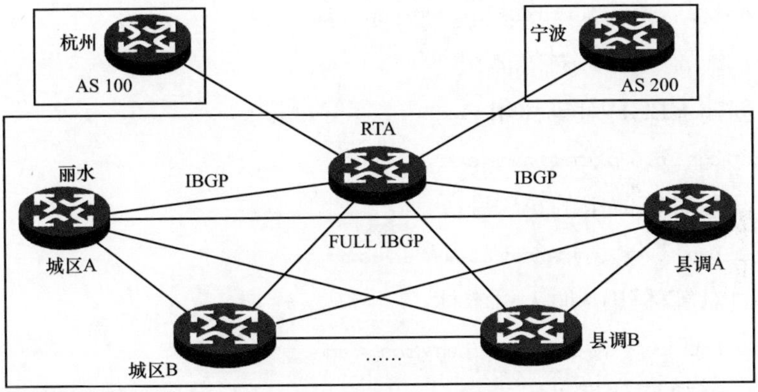

图 2-14 大规模 BGP 网络

1）BGP 对等体众多，配置烦琐，维护管理难度大。

2）BGP 路由表庞大，对设备性能提出挑战。

3）IBGP 全连接，应用和管理 BGP 难度增加。

4）路由变化频繁，导致路由更新频繁。

（13）解决大规模 BGP 网络所遇到的问题。

1）BGP 对等体众多：①对等体组（Peer Group）；②BGP 团体（Community）。

2）BGP 路由表庞大：BGP 路由聚合。

3）IBGP 全连接：①BGP 路由反射（Route Reflection）；②BGP 联盟（Confederation）。

4）路由变化频繁：BGP 路由衰减（Route Dampening）

（14）BGP 对等体组。

1）BGP 对等体组是一些具有某些相同属性的对等体的集合。

2）通过对等体组可以简化配置。

3）根据对等体所在的 AS，对等体组可分为 IBGP 对等体组和 EBGP 对等体组。

（15）配置 IBGP 对等体组。

1）创建 IBGP 对等体组。

```
[Router-bgp] group group-name internal
```

2）向对等体组中加入对等体。

```
[Router-bgp] peer ip-address group group-name
```

（16）配置 EBGP 对等体组。

1）创建 EBGP 对等体组。

```
[Router-bgp] group group-name external
```

2）设置对等体组的 AS 号。

```
[Router-bgp] peer group-name as-number as-number
```

3）向对等体组中加入对等体。

```
[Router-bgp] peer ip-address group group-name
```

（17）BGP 团体属性。

1）团体属性是一组有相同特征的目的地址的集合，没有物理上的边界，与其所在的 AS 无关。

2）包含有团体属性的路由，表示该路由是一个路由团体中的一员，该路由团体具有某种或者多种相同特征。

3）一条路由可以具有一个以上的团体属性值，就像一条路由可以在其 AS_PATH 属性中含有一个以上的 AS 号一样。

（18）配置向对等体/对等体组发布团体属性。

首先通过路由策略定义一组目的地址属于某个指定团体，然后配置向对等体/对等体组发布团体属性：

```
Router-bgp] peer {group-name | ip-address} advertise-community
```

（19）BGP 反射的作用。BGP 反射如图 2-15 所示。

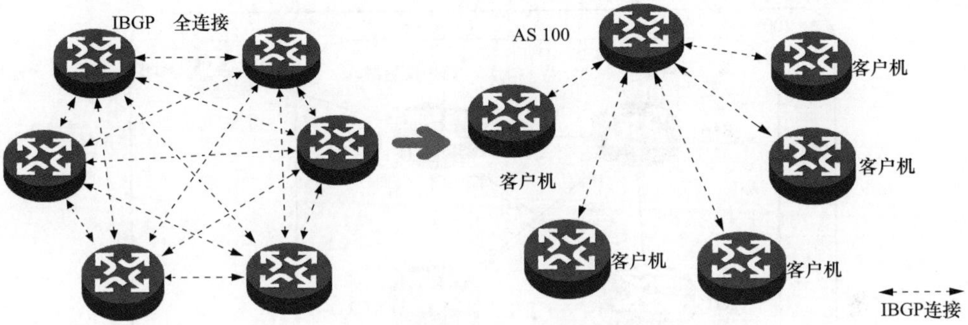

图 2-15 BGP 反射

1）路由反射可替代 IBGP 对等体全连接。

2）路由反射原理就是允许某些网络设备将从 IBGP 对等体处接收到的路由信息发布给其他特定的 IBGP 对等体，而这些网络设备被称为路由反射器（Route Reflector）。

（20）BGP 路由反射器如图 2-16 所示。

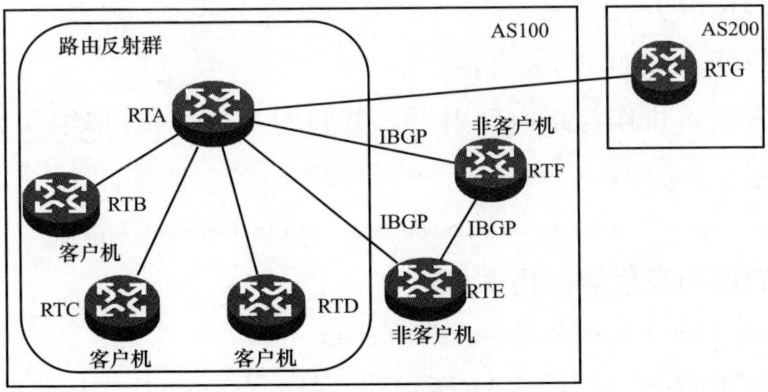

图 2-16 BGP 路由反射器

1）如果路由更新是从非客户机收到的，仅反射给客户机。

2）如果路由更新是从客户机收到的，反射给所有非客户机以及客户机，除了这个路由更新的始发者。

3）如果路由更新是从 EBGP 相邻体收到的，反射给所有的客户机和非客户机。

（21）BGP 路由反射器冗余如图 2-17 所示。

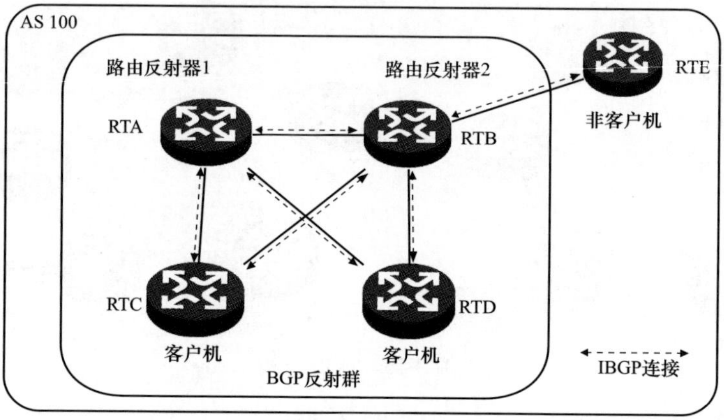

图 2-17　BGP 路由反射器冗余

1）在一个集群中可以配置一个以上的路由反射器，以增加网络的可靠性和防止单点故障。

2）一个集群中的每个路由反射器都要配置相同的集群 ID（Cluster _ ID），以避免路由环路的产生。

（22）BGP 反射配置。

1）配置将本机作为路由反射器，并将对等体/对等体组作为路由反射器的客户：

```
[Router-bgp]peer { group-name | ip-address } reflect-client
```

2）配置路由反射器的集群 ID：

```
[Router-bgp] reflector cluster-id cluster-id
```

（23）BGP 联盟（如图 2-18 所示）。联盟（Confederation）是另外一种替代 IBGP 对等体全连接的方法。联盟将一个自治系统划分为若干个子自治系统，每个子自治系统内部的 IBGP 对等体建立全连接关系，子自治系统之间建立联盟内部 EBGP 连接关系。

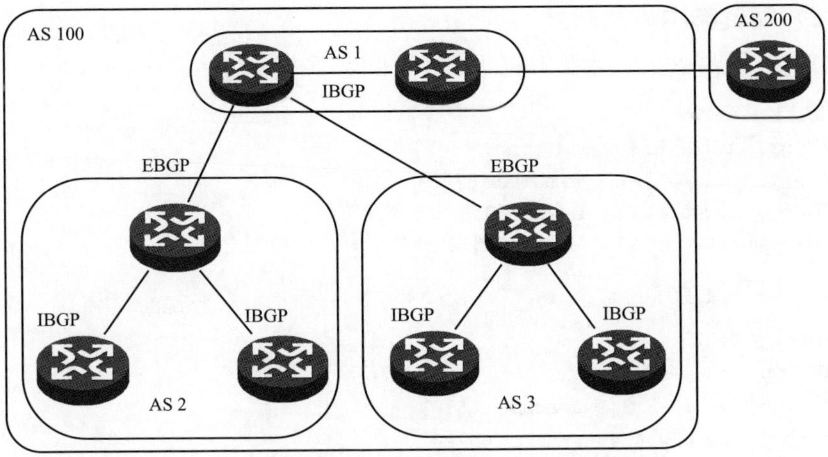

图 2-18 BGP 联盟

（24）BGP 联盟配置。

1）指定子自治系统号：

```
[Router] bgp as-number
```

2）配置联盟 ID：

```
[Router-bgp] confederation id as-number
```

3）指定一个联盟体中包含了哪些子自治系统：

```
[Router-bgp] confederation peer-as as-number-list
```

【典型案例】

1. 案例描述

通过本案例学习，基本掌握调度数据网实际应用中路由器的 BGP 配置。

2. 技术方案

（1）网络拓扑图如图 2-19 所示。

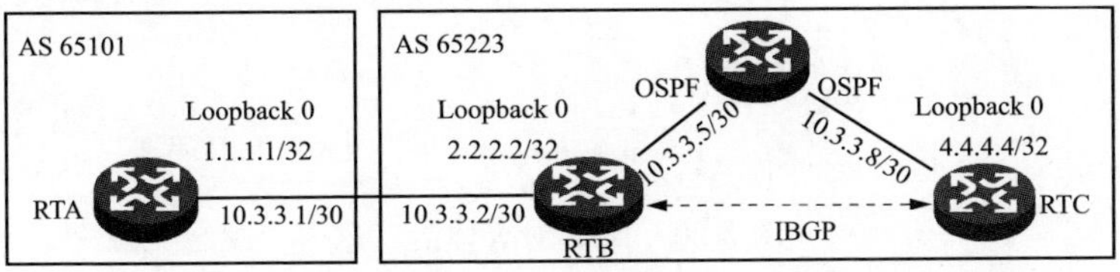

图 2-19 网络拓扑图

（2）配置脚本。

1）RTA 配置：

```
[RTA] bgp 65101
[RTA-bgp]router-id 1. 1. 1. 1
[RTA-bgp]peer 10. 3. 3. 2 as-number 65223
[RTA-bgp] network 10. 3. 3. 0 255. 255. 255. 252
[RTA-bgp] network 1. 1. 1. 1 255. 255. 255. 255
```

2）RTB 配置：

```
[RTB] bgp 65223
[RTB-bgp]router-id 2. 2. 2. 2
[RTB-bgp]peer 10. 3. 3. 1 as-number 65101
[RTB-bgp]peer 4. 4. 4. 4 as-number 65223
[RTB-bgp]peer 4. 4. 4. 4 connect-interface LoopBack 0
[RTB-bgp]import-route ospf 1
[RTB-ospf-1]import-route bgp
```

3）RTC 配置：

```
[RTC] bgp 65223
[RTC-bgp]router-id 4. 4. 4. 4
[RTC-bgp]peer 2. 2. 2. 2 as-number 65223
[RTC-bgp]peer 2. 2. 2. 2 connect-interface LoopBack 0
```

（3）配置结果验证。显示 BGP 对等体的信息。如图 2-20 所示“Established”状态说明 BGP 对等体建立成功。

```
〈RTB〉 display bgp peer
BGP local router ID:172.16.3.130
Local AS number:65002
Tatol number of peers:2    peers In  Established  State :2
Peer       V   As Msgsent  outQ PrefRcv Up/Down          State
10.10.10.1  4  65001  4  4  0  0   00:02:23 Established
10.10.10.6  4  65001  2  3  0  0   00:00:05 Established
```

对等体当前状态

图 2-20　BGP 对等体的信息

（4）常见问题的分析、处理。对等体状态无法建立成功，可查看 TCP 连接是否可达。

（5）其他常用命令清单。

1）显示 BGP 路由信息。

```
<Router> display bgp routing-table
```

2）查看 BGP 的 debugging 信息。

```
<Router>debugging bgp event
```

任务四 MPLS 技术

【任务描述】

本任务主要讲解 MPLS（Multiprotocol Label Switching，多协议标签交换）内容。知识要点、技能要领、典型案例等，了解 MPLS 原理；熟悉 MPLS 技术；掌握 MPLS 配置等内容。

【知识要点】

（1）转发等价类（FEC），MPLS 实际上是一种分类转发技术，它将具有相同转发处理方式的分组归为一类，这种类别就是 FEC，FEC 是在相同路径上转发，以相同方式处理并因此被一个 LSR 映射到一个单一标签的一组 IP 分组。在标签绑定过程中，各 FEC 对应于不同的标签。各节点将通过分组的标签来识别分组所属的 FEC。

（2）标签（Label），标签是一个包含在每个分组中的短而固定的数值，用于唯一的标志一个分组所属的 FEC，决定分组的转发方式。一对 LSR 在标签的数值和意义上一致。

在传统的路由器中，必须分析每个分组头，以确定下一站转发地点。但是在 MPLS 中，只需要在 MPLS 网络的入口端处理一个流束的所有分组，对属于同一个流束的分组将被用一个固定长度的字段加以编号。这一字段在 MPLS 里被称为标签。在 LSR 中，一个流束的 FEC 就映射到标签上。MPLS 中的标签格式取决于分组封装所在的介质。

（3）标签栈（Label Stack），标签栈实际上就是一组标签的级联。如果分组在超过一层的 LSP 隧道中传送，就会有多层标签，形成标签栈。在每一隧道的入口和出口处，进行标签的入栈（PUSH）和出栈（POP）操作。标签栈按照“后进先出”（Last-In-First-Out）方式组织标签，MPLS 从栈顶开始处理标签。MPLS 对标签栈的深度没有限制。若一个分组的标签栈深度为 m，则位于栈底的标签为 1 级标签，位于栈顶的标签为 m 级标签。未压入标签的分组可看作标签栈为空（即标签栈深度为零）的分组。

（4）标签交换路径（Label Switching Path，LSP），LSP 是指具有一个特定的 FEC 的分组，在 MPLS 中，LSP 为使用 MPLS 协议建立起来的分组转发路径，由标记分组源 LSR（标记转发路由器）与目的 LSR 之间的一系列 LSR 以及它们之间的链路构成，类似于 ATM 中的虚电路，VC-Trank 中实现虚电路连接。它由 MPLS 节点建立，目的是采用一个标签交换转发机制转发一个特定的 FEC 分组。

（5）标签交换路由器（Label Switching Pouter，LSR）。LSR 是 MPLS 网络中的基本构成单元，它主要由控制组件与转发组件两部分组成。标签边缘路由器（Label Switching Edge Porter，LER）是从一个 MPLS 域转发分组的传统路由器，它的作用是分析 IP 分组头，用于决定相应的传送级别和标签交换路径（LSP）。

（6）标签转发信息库（LFIB），LFIB 是保存在一个 LSR（LER）中的连接表，在 LSR 中包含有 FEC/标签绑定信息和关联端口以及媒体的封装信息。LFIB 通常包括下面内容：入、出口端口；入、出口标签；FEC 标识符；下一跳 LRS；出口链路层封装等。

（7）标签分发协议（LDP），LDP 是 MPLS 的控制协议，用于在 LSR 之间交换 FEC/标签绑定信息，也就是一个 LSR 通知另一个 LSR 标签含义的过程。实现标签分发的协议有 LDP、CR-LDP 和 RSVP-TE 等协议。

【技能要领】

MPLS 协议在 IP 路由和控制协议的基础上，提供面向连接的交换。MPLS 最初是用来提高路由器的转发速度而提出的一个协议，其基本思想就是使用一个短的定长标签（Labe）l 来标识数据流。此标签和数据流一起传送，网络节点根据此标签，就知道此数据流的目的地址和其他特征，从而完成数据报的转发。因为是根据固定长度的标签搜索目的地址，所以 MPLS 能实现高速转发。

支持 MPLS 的路由器称为标签交换路由器 LSR，其中边缘路由器通常被称为标签边界路由器 LER，根据标签确定的转发路径称为标签转发路径 LSP。标签分发协议是标签交换路由器同另一个标签交换路由器标签含义的过程。MPLS 的转发模式除了明显的简化转发、提高转发速度外，还易于实现以下功能：显式路由（类似于 IP 中的源路由）、COS、QoS、流量工程和 VPN 等。

1. MPLS 网络组成

MPLS 网络如图 2-21 所示。

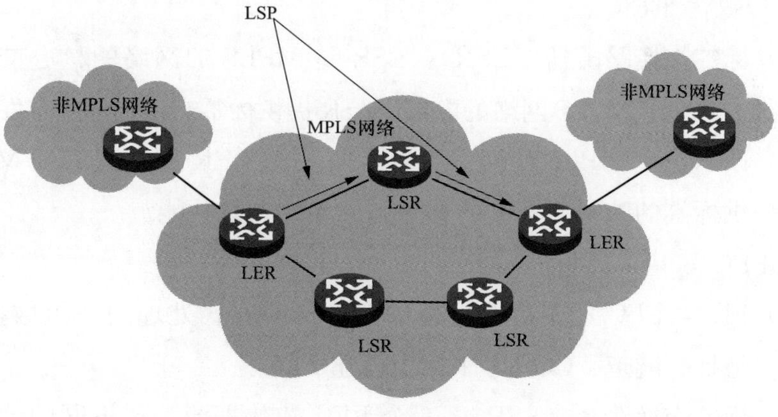

图 2-21 MPLS 网络

（1）网络自动建立路由选择表，由 LDP（标签分配协议）使用表中的路由选择拓扑，在相邻两个设备之间建立标签值，此操作在目的端点之间创建 LSP 或预先配置的指示图。

（2）在网络的边缘，IP 数据包到达一个 LER 时，LER 会将此 IP 包封装 MPLS 标签，即首先 LER 要分析 IP 包头的信息，并且按照它的目的地址和业务等级加以区分。在 LER 处，MPLS 使用了 FEC 来将输入的数据流映射到一条 LSP 上。这就意味着所有 FEC 相同的包都可以映时到同一个标签中。对于每一个 FEC，LER 都建立一条独立的 LSP 穿过网络，到达目的地。数据包分配了一个 FEC 后，LER 就可以根据标签转发信息库（LFIB）为其生成一个标签。LFIB 将每一个 FEC 都映射到 LSP 下一跳的标签上。转发数据包时，LER 检查 LFIB 中的 FEC，然后将数据包用 LSP 的标签封装，从标签信息库所规定的下一个接口发送出去。

（3）在网络的核心，当一个带有标签的包到达 LSR 时，LSR 提取入站标签，同时以它作为索引在 LFIB 中查找。当 LSR 找到相关信息后，取出出站的标签，并由出站标签替代标签，从标签信息库中所描述的下一跳接口送出数据包。

（4）数据包到达了 MPLS 域的另外一端。在这一点，LER 剥去封装的标签，仍然按照 IP 包的路由方式将数据包继续传送到目的地。

2. LSR 与 LER

（1）标签交换路由器（LSR）：LSR 是 MPLS 的网络的核心交换机或者路由器，它处于 MPLS 网络的内部。LSR 提供标签交换和标签分发功能。

（2）LER：在 MPLS 的网络边缘，报文由 LER 进入或离开 MPLS 网络。它提供标签的映射、标签的移除和标签的分发功能。

3. FEC 与 LSP

（1）FEC：FEC 是在转发过程中以等价的方式处理的一组数据分组，可以通过地址、隧道、COS 等来标识创建 FEC。

（2）标签交换路径（LSP）：一个 FEC 的数据流，在不同的节点被赋予确定的标签，数据转发按照这些标签进行。数据流所走的路径就是 LSP。

4. MPLS 标签

MPLS 标签（Label）是一个比较短的，定长的，通常只具有局部意义的标识，MPLS 标签通常位于报文的数据链路层封装头和网络层封装之间，路由器可以根据标签决定如何转发报文。

（1）MPLS 标签结构如图 2-22 所示。

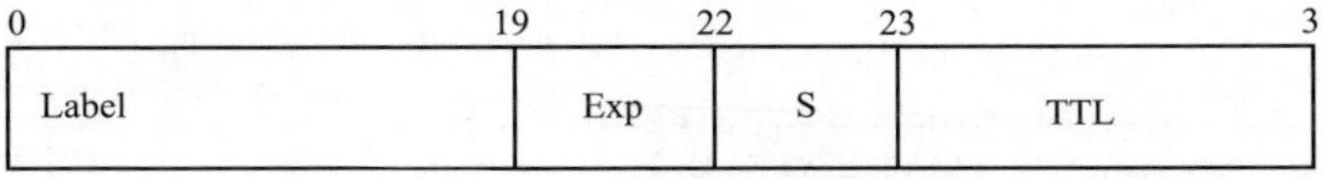

图 2-22 MPLS 标签结构

MPLS 标签有 4 个字节，32 个 bits，MPLS 标签分为 4 个区域，含义如下：

1）Label：标签值，长度 20b，是标签转发表的关键索引。

2）EXP：用于 QoS，长度 3b，作用与 Ethernet 802.1p 值相似。

3）S：栈底标识，长度 1b，如果有多个 Label 时，在栈底的 Label 的 S 位置为“1”，其他为“0”，只有一个 Label 时 S 位置为“1”。

4）TTL：存活时间，长度 8b，与 IP 报文的 TTL 值相似，这个值从 IP 报文头的 TTL 域拷贝过来，每进行一次 Label 交换时，外层 Label 的 TTL 值就减“1”。

（2）MPLS 标签的位置。

1）MPLS 标签位于链路层和网络层之间，如图 2-23 所示。

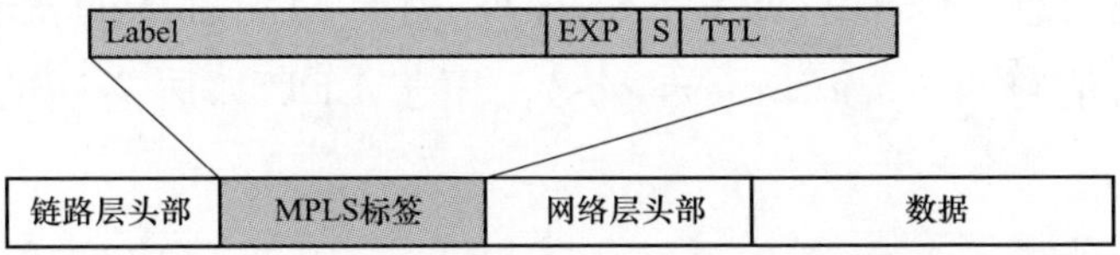

图 2-23 MPLS 标签位于链路层和网络层之间

2）通过 MPLS 标签的 S 值可以实现多层 MPLS 标签嵌套，如图 2-24 所示。

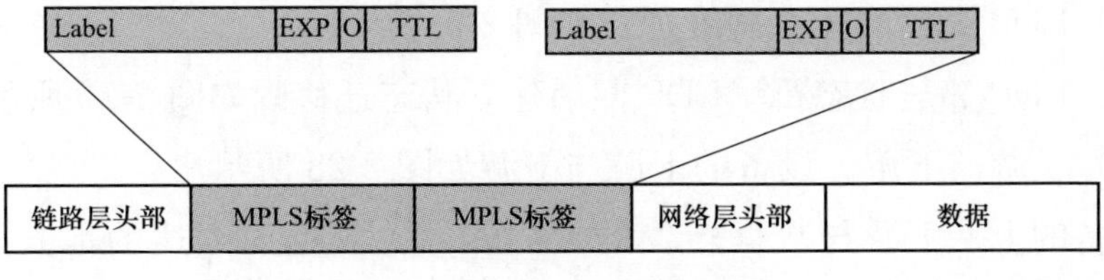

图 2-24 多层 MPLS 标签嵌套

（3）MPLS 标签的识别。MPLS 协议通过在报文的链路层报文头中进行标识，使得路由器能够识别 MPLS 报文，如图 2-25 所示。如在以太网中：指示上层协议的 TYPE 字段使用 0x8847 来表示承载的是 MPLS 报文（0800 是 IP 报文）。

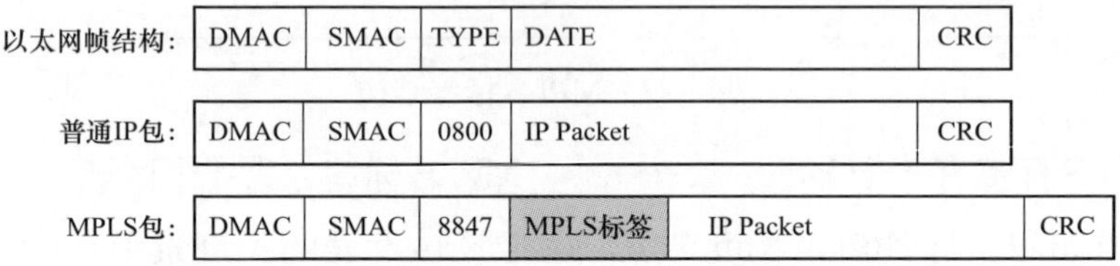

图 2-25　MPLS 标签标别

（4）标签分配协议的分类。标签分配协议，用于在 LSR 之间分配标签，建立 LSP。其分为如下几类：①LDP；②CR-LDP；③RSVP-TE；④MP-BGP；⑤MP-BGP（BGP4＋）。

（5）LDP 消息类型。LDP（Label Distribution Protocol）标签分配协议（RFC3036），因为它实现简单可靠，逐渐成为 MPLS 网络中应用最为广泛的标签分配协议之一。

在 LDP 协议中，存在 4 种类型的 LDP 消息：

1）发现消息（Discovery messages），用于 LDP 邻居的发现和维持。

2）会话消息（Session messages），用于 LDP 邻居会话的建立、维持和中止。

3）通告消息（Advertisement messages），用于 LDP 实体向 LDP 邻居宣告 Label、地址等信息。

4）通知消息（Notification messages），用于向 LDP 邻居通知事件或者错误。

（6）LDP 会话的建立和维护，如图 2-26 所示。

（7）LDP 邻居状态机。LDP 回话建立状态迁移图如图 2-27 所示。

（8）上游与下游。设备的上游与下游如图 2-28 所示。

设备的上、下游与数据转发的方向相对，数据先到达的地方是上游，后到达的地方时下游。

（9）标签分配过程，如图 2-29 所示。

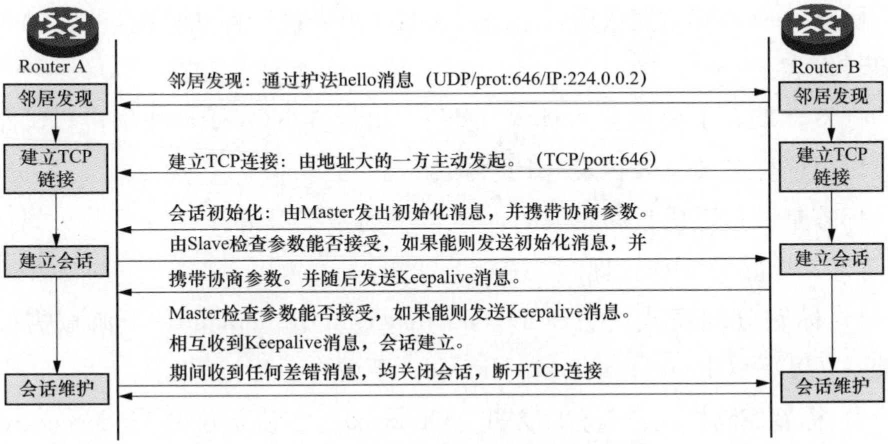

图 2-26 LDP 会话的建立和维护

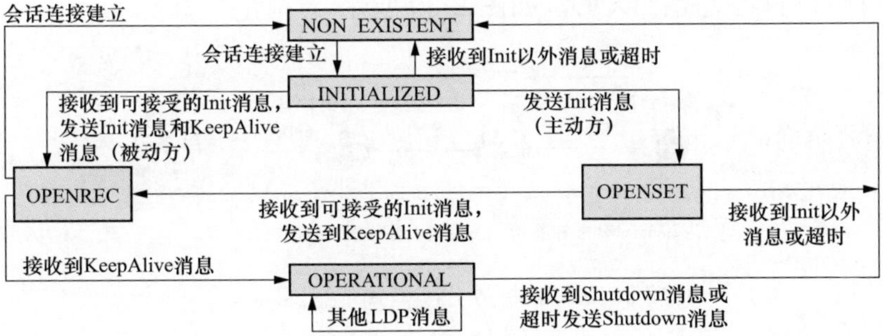

图 2-27 LDP 回话建立状态迁移图

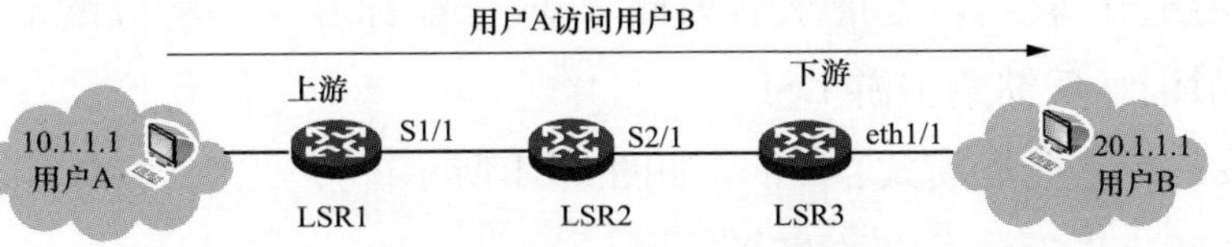

图 2-28 设备的上游与下游

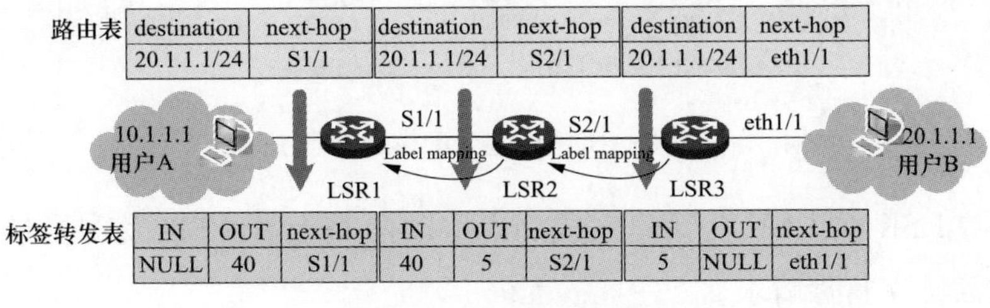

图 2-29 标签分配过程

LDP session 建立完成后，路由器根据路由表进行标签分配，形成 MPLS 标签转发表。

标签转发表主要包含入标签（IN）、出标签（OUT）和出接口，路由器可以根据标签转发表转发 MPLS 报文。

标签是设备随机自动生成的，16 以下为系统保留。

（10）标签分配和管理。

1）标签分配模式：①DOD（downstream-on-demand，下游按需标记分配）；②DU（downstream unsolicited，下游自主标记分配）。

2）标签控制模式：①有序方式（Ordered）；②独立方式（Independent）。

3）标签保持方式：①保守模式（Conservative）；②自由模式（Liberal）。

（11）标签分配模式：DOD，如图 2-30 所示。

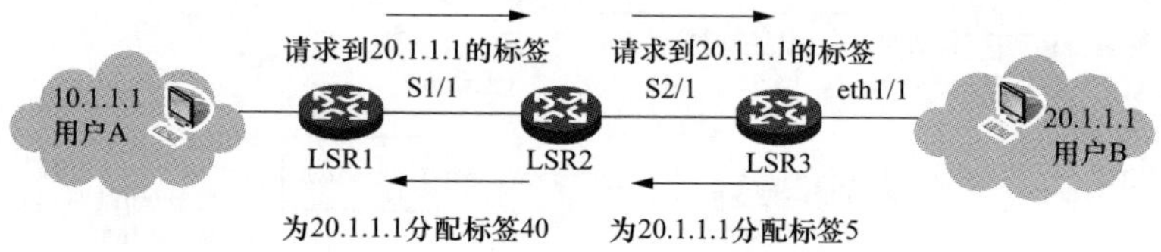

图 2-30 DOD 标签分配模式示意图

上游 LSR 先向下游 LSR 发送标签请求消息（包含 FEC 的描述信息）。

下游 LSR 收到标签请求后为此 FEC 分配标签，并将分配的标签通过标签映射消息反馈给上游 LSR。

（12）标签分配模式：DU，如图 2-31 所示。

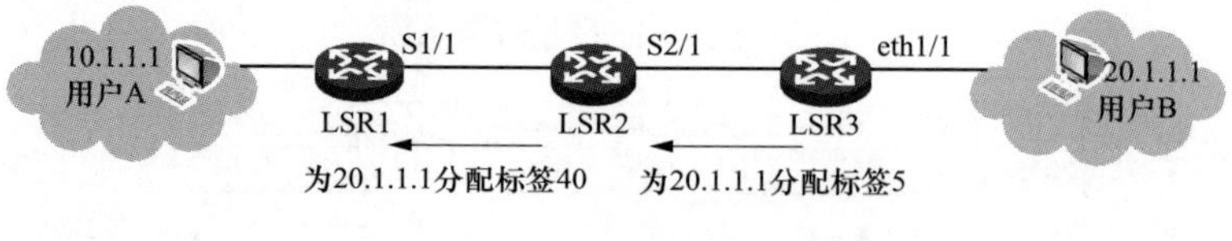

图 2-31 DU 标签分配模式示意图

下游 LSR 在 LDP 会话建立成功，主动向其上游 LSR 发布标签映射消息，无需等待上游请求。

（13）标签控制模式：有序，如图 2-32 所示。

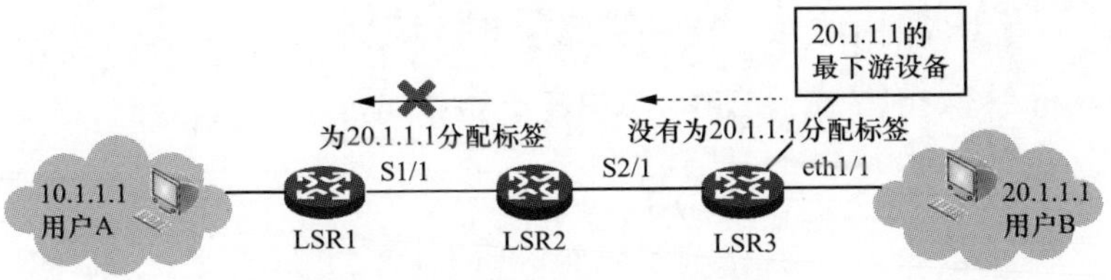

图 2-32 有序标签控制模式示意图

只有对于该路由的最下游设备可以按照 DU 或者 DOD 的标签分发规则直接为该路由分发标签。

上游设备只有收到它的下游返回的标签映射消息后才向其更上游发送标签映射消息。

（14）标签控制模式：独立，如图 2-33 所示。

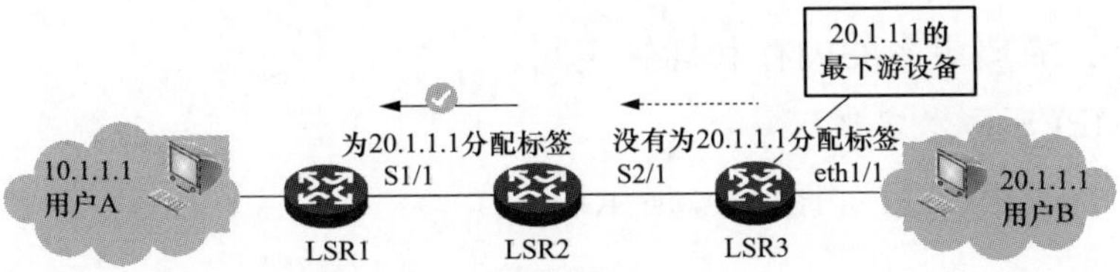

图 2-33 独立标签控制模式示意图

不管有没有收到其下游返回的标签映射消息，都立即向其上游发送标签映射消息。

（15）标签保持方式：保守，如图 2-34 所示。

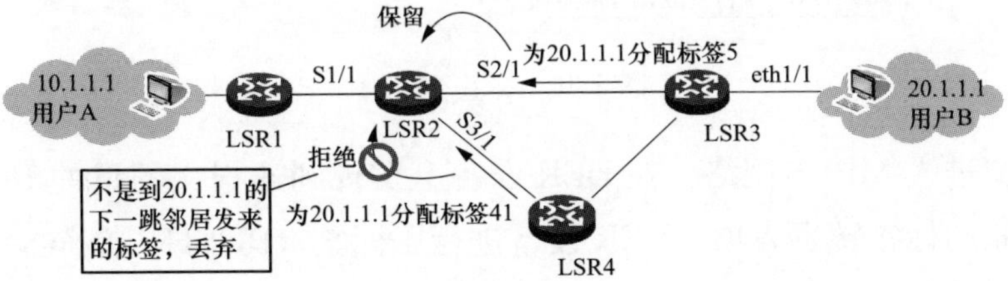

图 2-34 保守标签保持方式示意图

只保留来自下一跳邻居的标签，丢弃所有非下一跳邻居发来的标签。

优点：节省内存和标签空间。

缺点：当 IP 路由收敛、下一跳改变时 LSP 收敛慢。

（16）标签保持方式：自由，如图 2-35 所示。

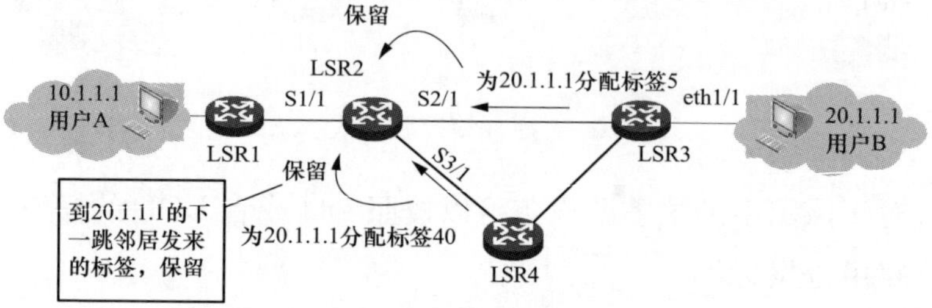

图 2-35　自由标签保持方式示意图

保留来自邻居的所有标签。

优点：当 IP 路由收敛、下一跳改变时减少了 LSP 收敛时间。

缺点：需要更多的内存和标签空间。

5. MPLS 转发实现

（1）标签 PUSH 如图 2-36 所示。

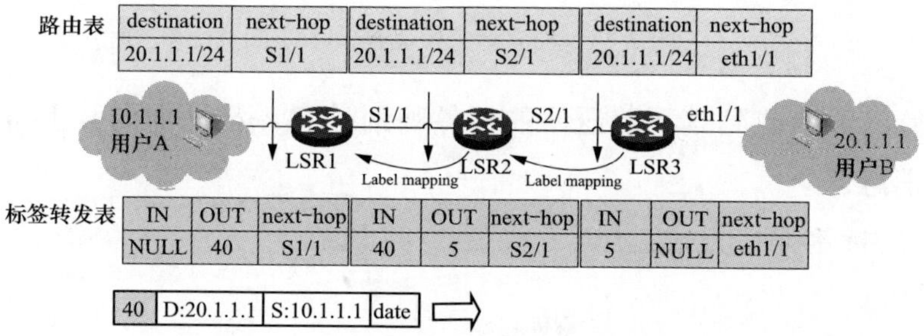

图 2-36　标签 PUSH

报文进入 MPLS 网络，在 LER 设备上发现到达报文的目的 IP 地址有与其关联的标签转发表项，LER 设备进行压标签（PUSH）操作。

（2）标签 SWAP 如图 2-37 所示。

报文在 MPLS 网络中间进行转发时，在 LSR 设备上进行标签交换（SWAP），设备只需查询标签转发表即可完成报文转发。

（3）标签 POP 如图 2-38 所示。

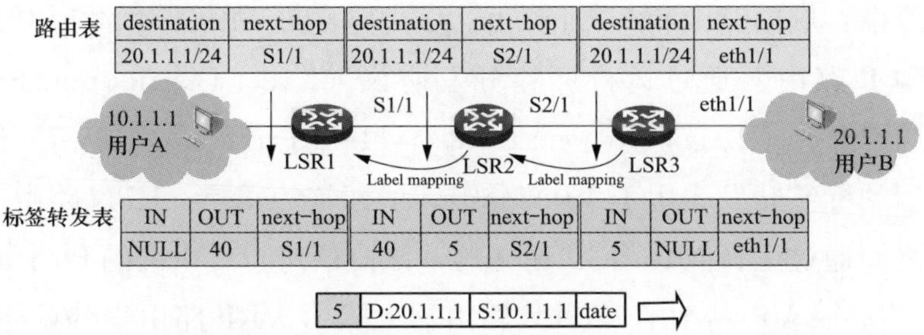

图 2-37 标签 SWAP

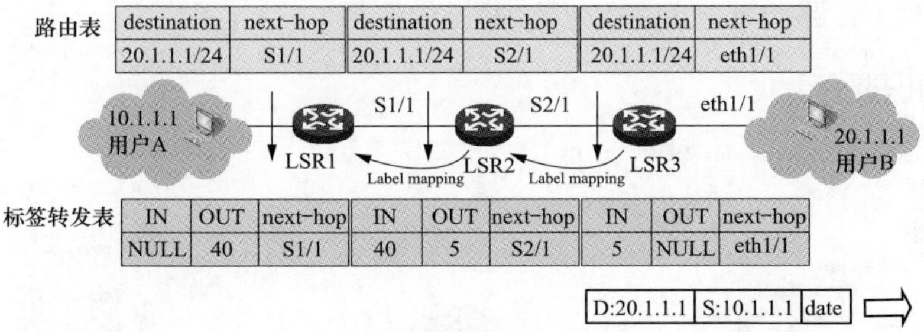

图 2-38 标签 POP

报文在转出 MPLS 网络时，LER3 设备发现自己为该 LSP 的最下游设备，LER 设备完成弹出标签（POP）操作。

6. MPLS 的实际应用

随着硬件技术的进步，采用 ASIC 和 NP 进行转发的高速路由器和三层交换机得到广泛应用，使得 IP 转发性能大为提高，可以满足网络数据转发性能需求。MPLS 技术在提高转发性能应用上未能发挥优势。

但 MPLS 支持多层标签嵌套和面向连接的特点，使得其在 VPN、流量工程（TE）、QoS 等方面得到广泛应用。

任务五 BGP MPLS VPN 体系结构

【任务描述】

在 MPLS 网络中传输的 VPN 数据采用外标签（又称隧道标签、LSP 标签）和内标签（又称 VPN 标签）两层标签栈结构，它们分别对应于两个层面的路由：域内路由和 VPN 路由。域内路由即 MPLS 中的 LSP 是由 PE 路由器和 P 路由器通过运行标签分发协议（Label Distribution Protocol：LDP）或资源预留协议（Resource Reservation Protocol：RSVP）建立的，它所产生的标签转发表用于 VPN 分组外层标签的交换。VPN 路由是由 PE 路由器之间通过运行 MP-iBGP 建立的，该协议跨越骨干网的 P 路由器分发 VPN 标签形成 VPN 路由。在 PE 路由器上除了 VRF 路由表外，还有标签转发表 LFIB，该表用于存放 VPN 标签和子接口的对应关系，为出口 PE 路由器到 CE 路由器之间的数据转发提供依据。

【知识要点】

VPN 组网结构如图 2-39 所示。

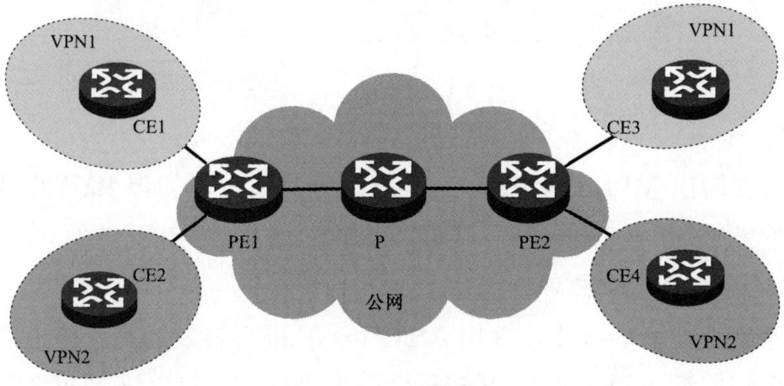

图 2-39 VPN 组网结构

（1）CE（Custom Edge）：直接与服务提供商相连的用户设备。

（2）PE（Provider Edge）：指骨干网上的边缘路由器，与 CE 相连，主要负责 VPN 业务的接入。

（3）P（Provider）：指骨干网上的核心路由器，主要完成路由和快速转发功能。

【技能要领】

1. MPLS 隧道

（1）隧道技术与 MPLS。隧道：一个虚拟的点对点的连接。它提供了一条虚拟通路，使经过特殊封装的数据报能够在这个通路上传输。在隧道的两端分别对数据报进行封装及解封装。如 GRE 封装，隧道上的路由器根据报文外层的公网 IP 头进行数据转发，如图 2-40 所示。

GRE封装：	公网IP头部	GRE	私网IP头部	数据

图 2-40 GRE 封装报文结构示意图

MPLS 是天然的隧道，隧道上的路由器可以根据报文的 MPLS 头进行报文转发，如图 2-41 所示。

MPLS封装：	MPLS	私网IP头部	数据

图 2-41 MPLS 封装报文结构示意图

（2）MPLS 隧道应用（如图 2-42 所示）。隧道中间的 LSR 设备直接根据 MPLS 标签转发表进行数据转发，无需查询路由表，也无需学习到私网用户的路由，只要在进出 MPLS 网络的 LER 设备（隧道入出口）上进行处理，私网数据就能穿越公共网络。

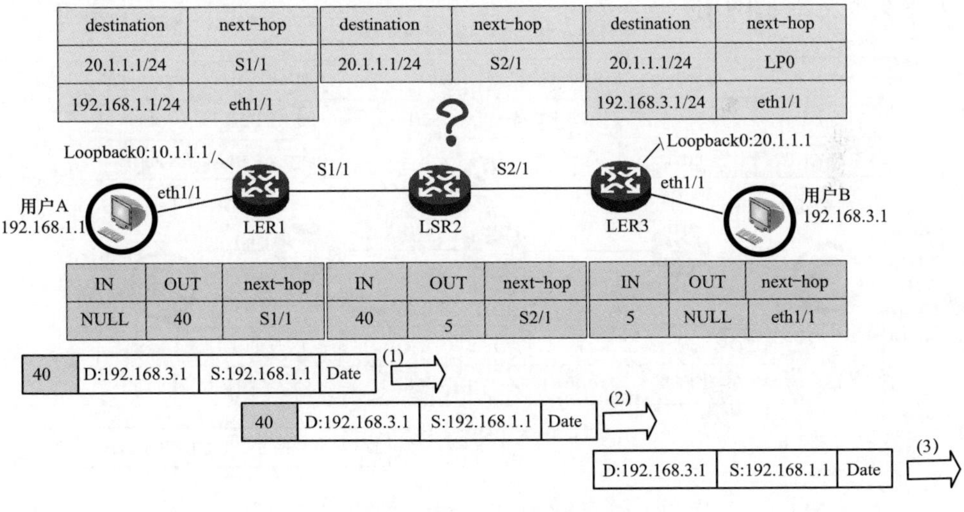

图 2-42 MPLS 隧道应用

（3）私网报文进入 MPLS 隧道（如图 2-43 所示）。只要 LER1 设法知道该私网用户的目的 LER，就可以将数据封装到该 LER 的 MPLS 隧道中。

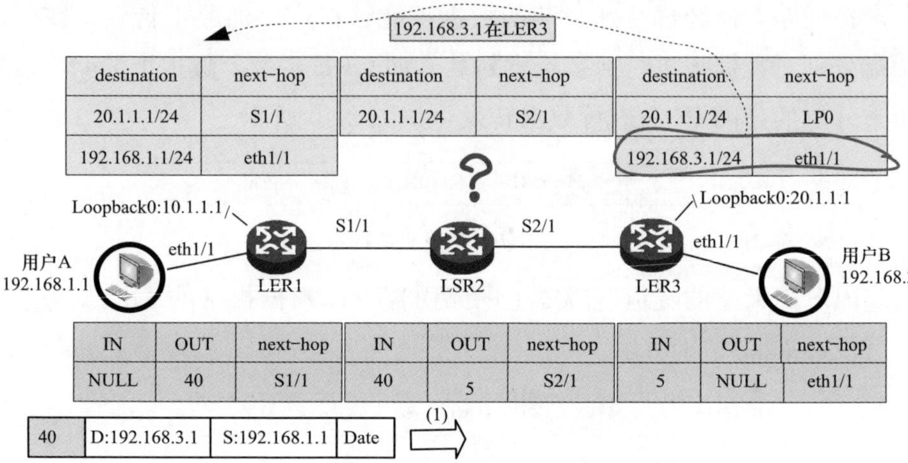

图 2-43 私网报文进入 MPLS 隧道

(4) 私网报文离开 MPLS 隧道（如图 2-44 所示）。报文到达 LER3 设备（隧道出口设备）后，LER3 设备检查报文标签发现该发文发给自己，进一步解析标签内部的 IP 头，发现报文真正的目的地址，再查询路由表成功转发报文给私网用户。

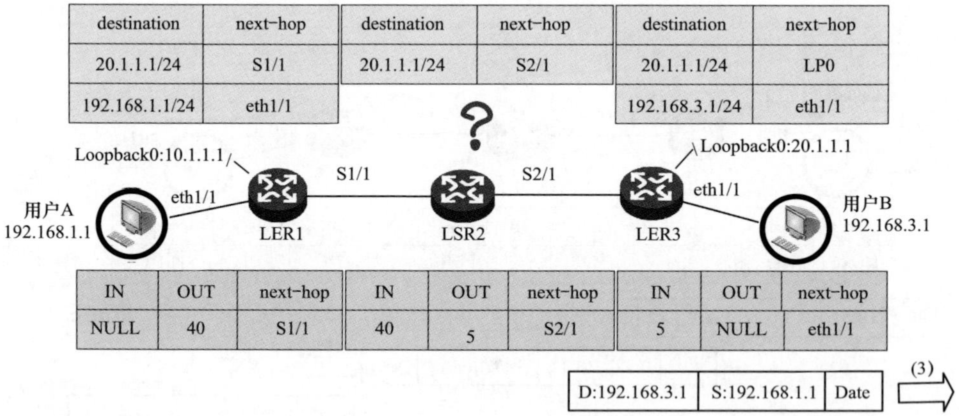

图 2-44 私网报文离开 MPLS 隧道

(5) MPLS 倒数第二跳（如图 2-45 所示）。既然报文在隧道出口处（LER3 上）查完标签后还要根据 IP 头进行转发，不如在 LSR2 处就直接弹出 MPLS 标签，这个技术就叫作 MPLS 倒数第二跳。

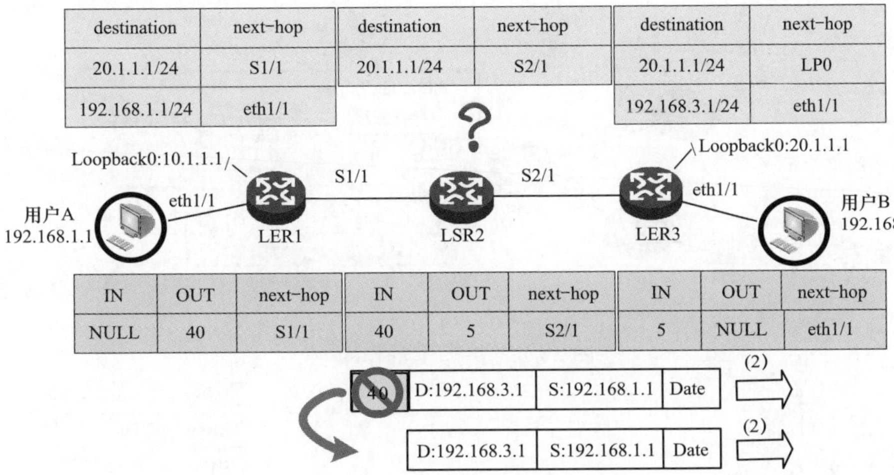

图 2-45 MPLS 倒数第二跳

2. 多 VRF 技术

多 VRF 技术如图 2-46 所示。

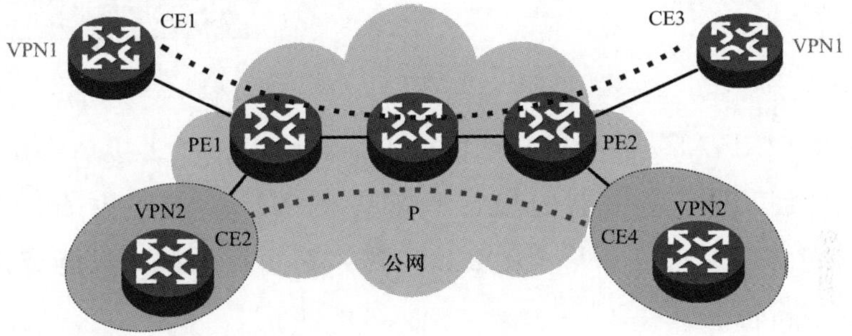

图 2-46 多 VRF 技术

（1）用户维护隧道。传统的 VPN 技术如 GRE、IPSec 等均采用这种隧道维护方案；缺点在于隧道建立维护工作完全由 VPN 用户完成，对于网络使用者来说工作烦琐而复杂，成本高昂。

（2）多 VRF 的作用（如图 2-47 所示）。多 VRF 技术就是用来解决同一台设备上的地址冲突问题。

（3）多 VRF 的实例原理（如图 2-48 所示）。多 VRF 技术将一台路由器划分成多个 VRF，每个 VRF 之间互相独立，互不可见，拥有独立的路由表项、端口、路由协议等。

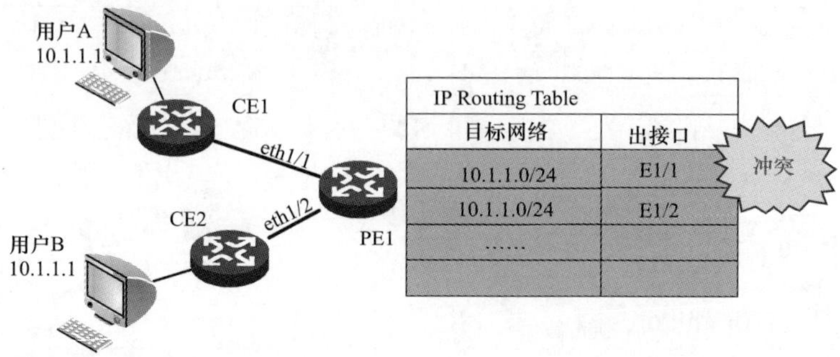

图 2-47　多 VPF 的作用

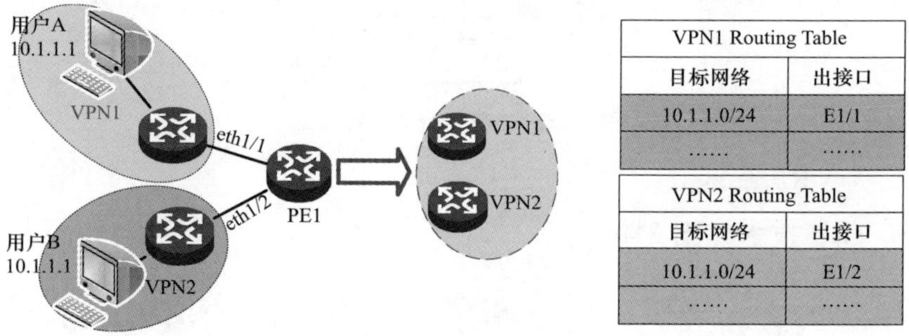

图 2-48　多 VPF 的实例原理

（4）多 VRF 和设备端口（如图 2-49 所示）。eth1/1 接口绑定 VPN1，从 eth1/1 接口进入路由器的报文只能查询 VPN1 的路由表进行转发；eth1/2 接口绑定 VPN2，从 eth1/2 接口进入路由器的报文只能查询 VPN2 的路由表进行转发。

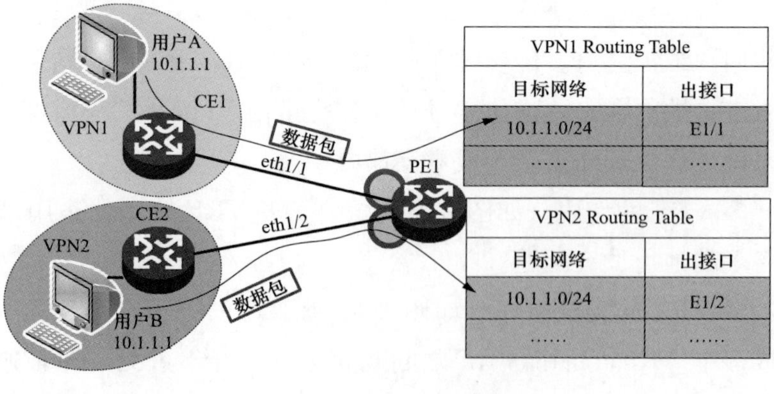

图 2-49　多 VPF 和设备端口

（5）多 VRF 和路由协议的实例（如图 2-50 所示）。各个 VRF 与各自的用户网络之间运行一个路由实例，该路由实例学习到的路由只能加入该 VPN 的路由表。各个路由实例与所属的 VPN 进行绑定，他们之间互相独立，只能学习到各自的邻居信息。

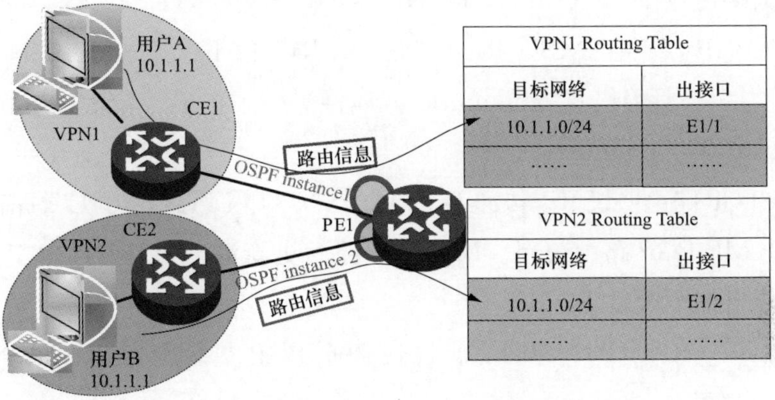

图 2-50 多 VPF 和路由协议的实例

3．MP-BGP 技术

（1）BGP 协议的特点。基于 TCP 链接，可以跨越多台设备建立路由邻居，传递路由；基于 TLV 架构，可以扩展属性位，以便携带更多表明路由特征的信息；BGP 路由协议还有很多的特点，而上述的两个特点是它被选作 VPN 私网路由协议的主要原因。

（2）BGP 路由更新。BGP 协议通过 BGP 更新（UPDATE）消息发布和删除路由，BGP 更新消息结构如图 2-51 所示。

Unfeasible Routes Length	Withdraw Routes
Total Path Attribute Length	Path Attribute
Network layer Reachability Information (NLRI)	

图 2-51 BGP 更新报文结构示意图

BGP 协议更新（UPDATE）消息主要包含以下三个部分：

1）Unfeasible Routes Length：之前发布过，不再有效的路由。

2）Path Attribute：路由信息的属性（附加描述），是 BGP 用以进行路由控制和决策的信息。

3）NLRI：路由信息，有一个或多个 IPv4 地址/前缀长度组成。

由此可以看出普通的 BGP 路由更新消息只能发布或删除 IPv4 路由。

（3）MP-BGP 协议。普通 BGP 只能传递 IPv4 路由信息，为了能够承载多个协议的路由信息，RFC2858 对 BGP 进行了扩展，扩展后的 BGP 协议称之为多协议 BGP（MBGP 或 MP-BGP）。

MP-BGP 新增了 MP _ REACH _ NLRI 和 MP _ UNREACH _ NLRI 两个属性，并对团体（Communities）属性进行了扩展，新增扩展团体属性（Extended _ Communities）。

MP-BGP 路由协议可以传递 BGP MPLS VPN、L2VPN、6PE 等路由信息。

（4）MP-BGP 路由更新。MP-BGP 路由更新消息相对普通 BGP 路由更新消息作出如下改动：

1）MP _ REACH _ NLRI 属性代替原 BGP 更新消息里面的 NLRI 及 Next-hop 属性。

2）MP _ UNREACH _ NLRI 属性代替原 BGP 更新消息里面的 Withdraw Routes。

3）属性部分增加 Extended _ Communities。

（5）MP _ REACH _ NLRI 属性。MP _ REACH _ NLRI 是对原 BGP 更新消息中 NLRI 的扩展，增加了地址族的描述，以及私网 Label 和 RD，并包含了原 BGP 更新消息中的 Next-hop 属性，如图 2-52 所示。

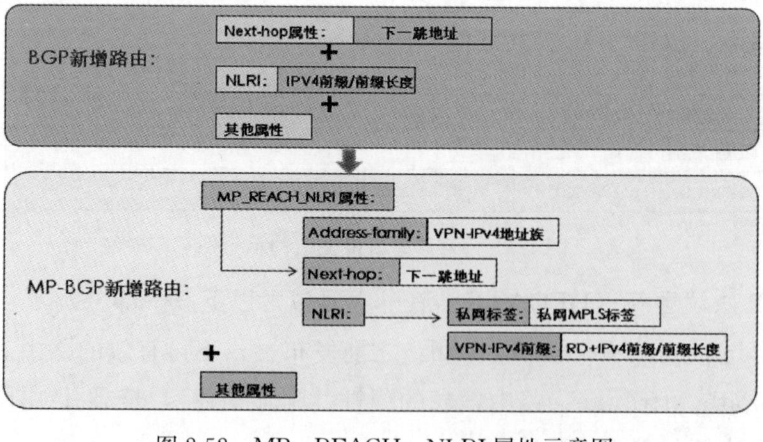

图 2-52 MP _ REACH _ NLRI 属性示意图

（6）MP _ UNREACH _ NLRI 属性。MP _ UNREACH _ NLRI 替代了原 BGP 更新消息中的 Withdraw Routes，可以撤销通过 MP _ REACH _ NLRI 发布的各种地址族的路由，如图 2-53 所示。

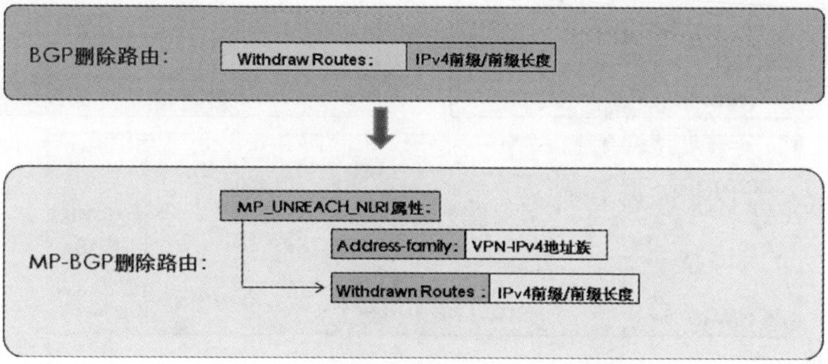

图 2-53 MP _ UNREACH _ NLRI 属性示意图

（7）Route Target。BGP 的扩展 community 属性：RT（Route Target）。

扩展的 community 有如下两种格式：其中 type 字段为 0x0002 或者 0x0102 时表示 RT。

（8）Route Target 本质。RT 的本质是每个 VPN 实例表达自己的路由取舍及喜好的方式。

RT 由 Export Target 与 Import Target 两部分构成：

1）在 PE 设备上，发送某一个 VPN 用户的私网路由给其 BGP 邻居时，需要在 MP-BGP 的扩展团体属性区域中增加该 VPN 的 Export Target 属性。

2）在 PE 设备上，需要将收到的 MP-BGP 路由的扩展团体属性中所携带的 RT 属性值，与本地每一个 VPN 的 Import Target 属性值相比较，当这两个值存在交集时，就需要将这条路由添加到该 VPN 的路由表中去。

（9）RT 的灵活应用。由于每个 RT Export Target 与 Import Target 都可以配置多个 value，接收时是“或”操作，所以就可以实现非常灵活的 VPN 访问控制。RT 如图 2-54 所示。

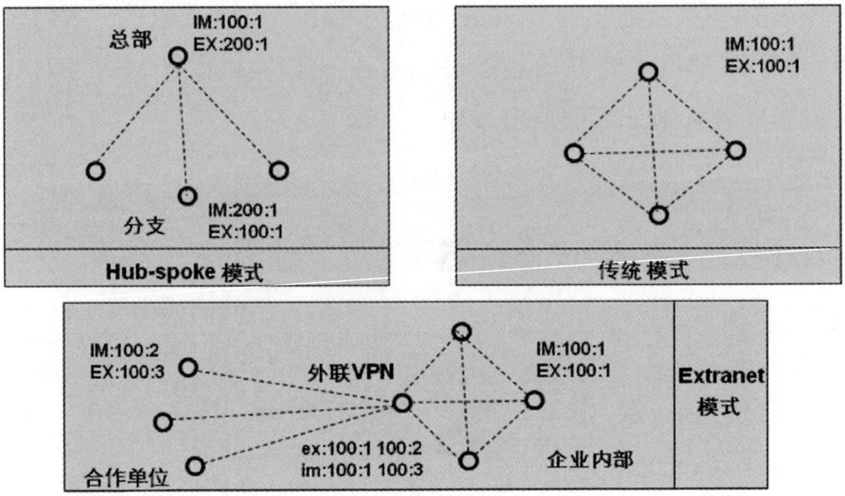

图 2-54 RT

（10）RD（Route Distinguisher）。RD 路由区分，在 BGP MPLS VPN 的网络中，私网路由的路由前缀的形式不再是普通的 IPv4 地址，而是 RD+IPv4 地址，这样可以在路由前缀中直接标识该路由的 VPN 信息。

RD 的格式：

1）16 位自治系统号 ASN∶32 位用户自定义数，例如：100∶1。

2）2 位 IP 地址：16 位用户自定义数，例如：172.1.1.1∶1。

（11）RD 的本质。RD 的作用是用于私网路由的撤销，因为按照 BGP 原理，在撤销路由时不会携带路由的属性值，也就不能携带 RT 属性，PE 在删除路由时无法判断是要撤销哪个 VPN 的路由。

理论上可以为每个 VPN 实例配置一个 RD。通常建议为每个 VPN 都配置相同的 RD，不同的 VPN 配置不同的 RD。但是实际上只要保证存在相同地址的两个 VPN 实例的 RD 不同即可。

如果两个 VPN 实例中存在相同的地址，则一定要配置不同的 RD，而且两个 VPN 实例一定不能互访。

（12）VPNv4 和 IPv4 地址族。在 IPv4 地址加上 RD 之后，就变成 VPNv4 地址族了。而原来的标准的地址族就称为 IPv4。

VPNv4 地址族主要用于 PE 路由器之间传递 VPN 路由。

VPNv4 地址只是存在于 MP-BGP 的路由信息和 PE 设备的私网路由表中，也就是只是出现在路由的发布学习过程中。

在 VPN 数据流量穿越供应商骨干时，报头中没有携带 VPNv4 地址。

（13）私网 Label。RT 属性和 RD 前缀顺利解决了私网路由的学习和撤销中存在的问题，然而因为 VPN 地址的冲突在数据转发过程也将遇到困难，需要在数据报文中增加一个标识，以帮助 PE 判断该报文是去往本地的哪个 VPN。

由于 MPLS 支持多层标签的嵌套，这个标识可以定义成 MPLS 标签的格式，即私网 Label。

4. BGP MPLS VPN 基本原理

（1）公网隧道的建立（如图 2-55 所示）。启动公网 IGP 路由协议，PE 之间互相可达，如 PE1 学到 PE2 的 loopback 地址路由；公网启动 MPLS，PE 之间建立可达的 MPLS 隧道路径，如图 2-48 PE1 有到 PE2 的 MPLS 隧道。

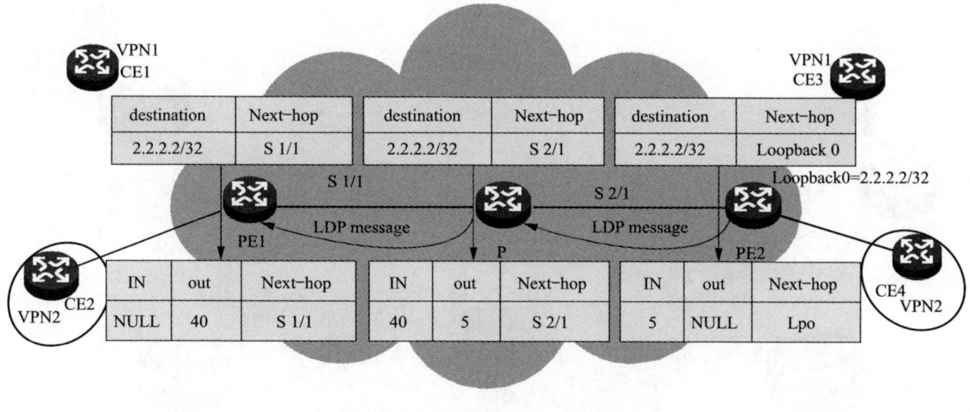

图 2-55　公网隧道的建立

（2）本地 VPN 建立（如图 2-56 所示）。PE 上设立本地 VPN，根据用户业务互访需求设置各 VPN 的 RD、RT 属性；将与用户相连的接口与对应的用户 VPN 进行绑定。

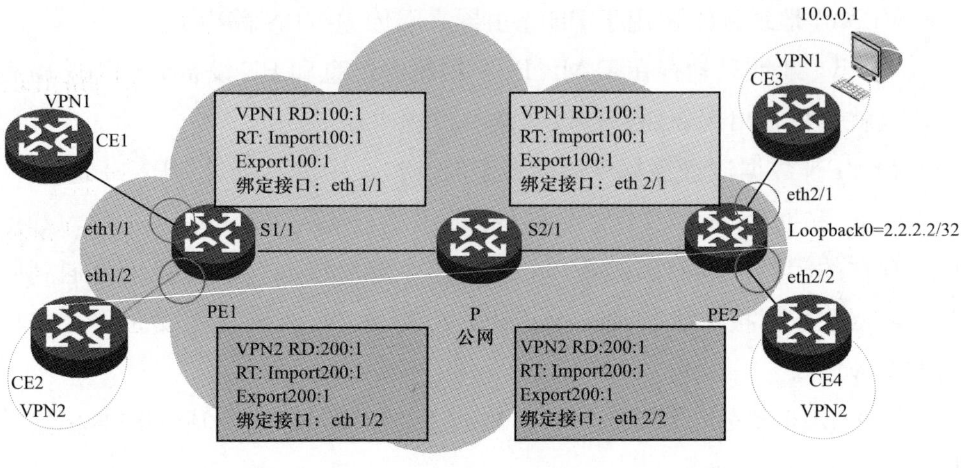

图 2-56　本地 VPN 建立

（3）本地私网路由学习（如图 2-57 所示）。PE 上设立本地 VPN，将与用户网络相连的接口与 VPN 进行绑定，并根据用户组网需求设置各 VPN 的 RD、RT 属性。PE 与 CE 之间运行路由协议多实例，将用户本地的路由学习到 PE 对应 VPN 的路由表。

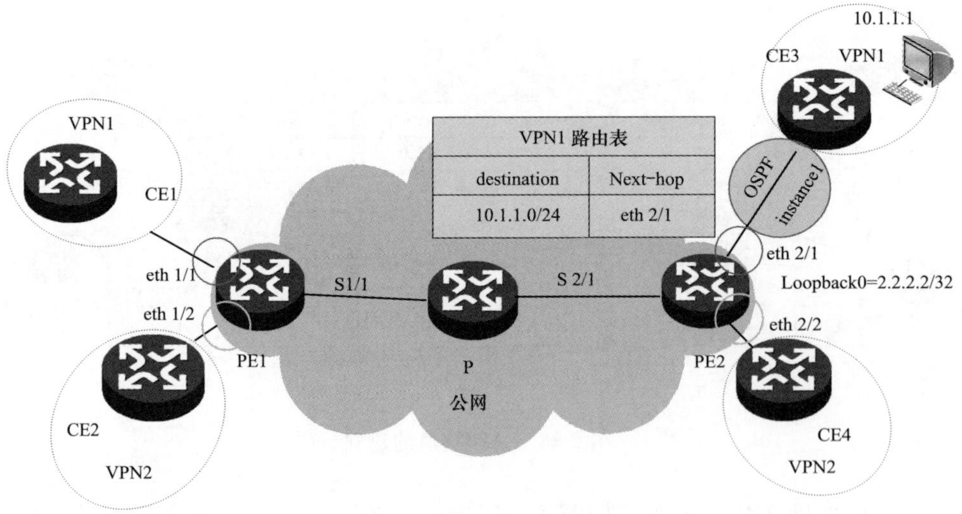

图 2-57　本地私网路由学习

（4）私网路由的传递——本地路由封装（如图 2-58 所示）。PE 之间建立 MP-BGP 邻居，PE2 将本地的私网路由信息进行封装，根据用户设计封装 RD、RT，并分配私网标签，封装后的路由信息传递给 MP-BGP 邻居 PE1。

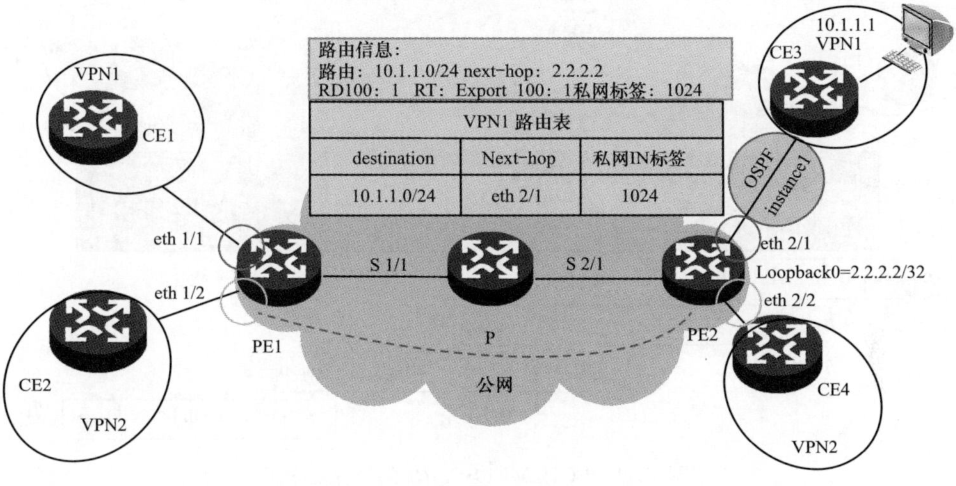

图 2-58　本地路由封装

（5）私网路由的传递（如图 2-59 所示）。PE 设备接收到 MP-BGP 路由信息后，根据 RT 信息决定接受哪个 VPN 的私网路由表。

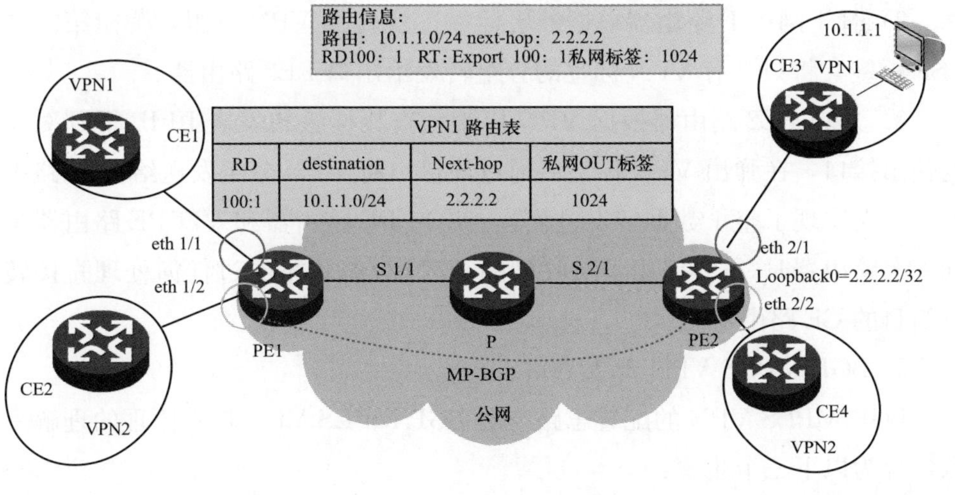

图 2-59　私网路由的传递

（6）私网数据的传递。BGP/MPLS VPN 的体系结构如图 2-60 所示。

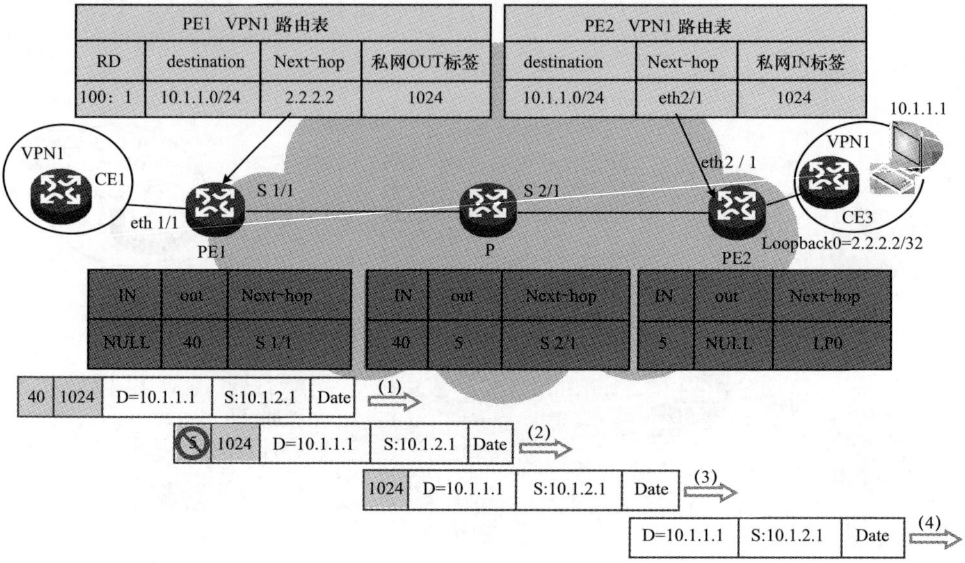

图 2-60 BGP/MPLS VPN 的体系结构

1）当 CE1 路由器通过某个子接口将一个 VPN 分组发给入口 PE1 路由器后，PE1 路由器查找相应 VRF 的 FIB 转发表。从 FIB 转发表得到 VPN 标签、LSP 标签和下一跳输出接口。当 VPN 分组被打上两层标签之后，就通过输出接口发送到相应 LSP 上的 P 路由器。

2）骨干网中 P 路由器根据外层标签逐跳转发 VPN 分组，弹出第一层 LSP 标签，将只含有 VPN 标签的分组转发给出口 PE2 路由器。

3）出口 PE2 路由器根据 VPN 标签，查找标签转发表 LFIB 得到对应的输出接口，在弹出 VPN 标签后通过该接口将 VPN 分组发送给 CE3 路由器，从而实现了整个数据转发过程。当出口 PE 路由器和入口 PE 路由器是同一个路由器时，PE 路由器对收到的 VPN 分组将不经过任何处理直接转发给目的 CE 路由器。

5. BGP MPLS VPN 配置思路

BGP MPLS VPN 的配置思路与对 BGP MPLS VPN 技术原理的理解一致，分为以下三个步骤：

（1）配置公网隧道。

（2）配置本地 VPN。

（3）配置 MP-BGP。

6. 配置公网隧道

（1）配置本节点的 LSR ID：

```
mpls lsr-id lsr-id
```

（2）系统模式下使能 MPLS 和 MPLS LDP：

```
mpls
mpls ldp
```

（3）接口模式使能 MPLS 和 MPLS LDP：

```
interface interface-type interface-number
mpls
mpls ldp
```

7. 配置本地 VPN

（1）创建 VPN 实例，进入 VPN 视图：

```
ip vpn-instance vpn-instance-name
```

（2）配置 RD 和 RT：

```
route-distinguisher route-distinguisher
vpn-target vpn-target&<1-8> [both|export-extcommunity|import-extcommunity]
```

（3）配置接口与 VPN 实例绑定：

```
interface interface-type interface-number
ip binding vpn-instance vpn-instance-name
```

（4）配置 PE 与 CE 之间的路由实例与 VPN 绑定，以 OSPF 为例：

```
ospf[process-id|router-id router-id|vpn-instance vpn-instance-name]
```

8. 配置 MP-BGP

（1）启动 BGP：

```
[Router]bgp as-number
```

（2）配置 Router ID：

```
[Router-bgp]router-id router-id
```

（3）指定 BGP 对等体及 AS 号：

```
[Router-bgp]peer ip-address as-number as-number
```

（4）指定建立 TCP 连接使用的源接口：

```
[Router-bgp]peer ip-address connect-interface interface-type interface-number
```

（5）进入 BGP-VPNv4 子地址族视图：

```
[Router-bgp]ipv4-family vpnv4
```

（6）使能对等体交换 BGP-VPNv4 路由信息

```
[Router-bgp-af-vpnv4]peer{group-name|ip-address}enable
```

【典型案例】

1. 案例描述

通过本案例学习，基本掌握调度数据网实际应用中路由器的 BGP MPLS VPN 配置。如 2-54 所示，公网上承载了两个 VPN 用户：VPN1 和 VPN2，VPN1 内部的用户 1 和用户 3 需要能够互通，VPN2 内部的用户 2 和用户 4 可以互通，但 VPN1 和 VPN2 的用户之间不能互通，如用户 1 不能和用户 2 或者用户 4 互通。

2. 技术方案

（1）BGP MPLS VPN 体系结构案例网络拓扑图如图 2-61 所示。

（2）配置公网隧道的步骤。

1）配置公网隧道步骤一：配置公网 IGP 路由协议，如图 2-62 所示。使所有 PE 和 P 设备可以互相学到 32 位 loopback 地址路由；2IGP 路由协议可以选择 OSPF、ISIS，甚至静态路由等；以 OSPF 为例：PE1、P 和 PE2 设备之间建立 OSPF 邻居。

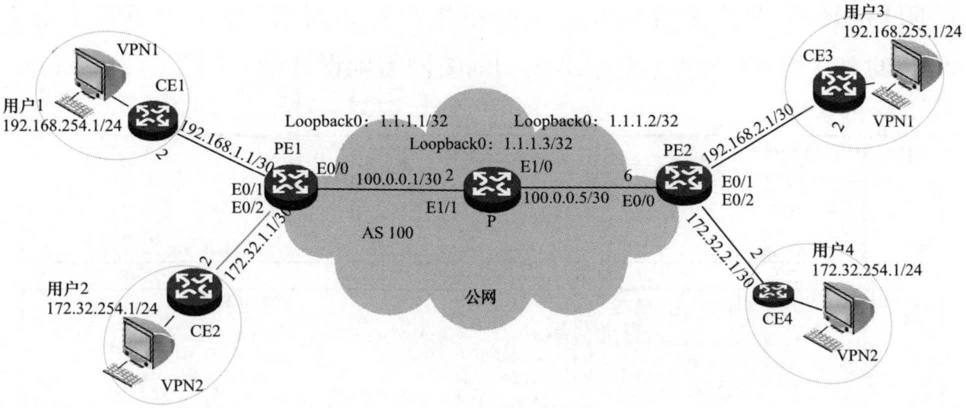

图 2-61　BGP MPLS VPN 体系结构案例网络拓扑图

PE1：

```
router id 1.1.1.1
ospf 1
 area 0.0.0.0
  network 1.1.1.1 0.0.0.0
  network 100.0.0.1 0.0.0.3
```

P：

```
router id 1.1.1.3
ospf 1
 area 0.0.0.0
  network 1.1.1.3 0.0.0.0
  network 100.0.0.2 0.0.0.3
  network 100.0.0.5 0.0.0.3
```

PE2：

```
router id 1.1.1.2
ospf 1
 area 0.0.0.0
  network 1.1.1.2 0.0.0.0
  network 100.0.0.6 0.0.0.3
```

图 2-62　BGP MPLS VPN 体系结构案例配置（一）

2）配置公网隧道步骤二：配置使能 MPLS 及 MPLS LDP，如图 2-63 所示。所有 PE 和 P 设备之间建立 LDPsession，建立起到达对端 PE 的 LSP 隧道；需要在设备全局模式及公网接口上均使能 MPLS 及 MPLS LDP。

（3）配置本地 VPN 的步骤。

1）配置本地 VPN 步骤一：配置 VPN，按照用户互访需求配置 VPN

的RD和RT。此步配置需要仔细分析用户互访需求，设计各PE上每个VPN的RD和RT属性；根据本案例的组网需求设计做如图2-64所示配置。

	系统模式：	接口模式：	
PE1：	mpls lsr-id 1.1.1.1 mpls mpls ldp	interface Ethernet0/1 mpls mpls ldp	
P：	mpls lsr-id 1.1.1.3 mpls mpls ldp	接口模式： interface Ethernet1/1 mpls mpls ldp	接口模式： interface Ethernet1/0 mpls mpls ldp
PE2：	mpls lsr-id 1.1.1.2 mpls mpls ldp	interface Ethernet0/0 mpls mpls ldp	

图2-63 BGP MPLS VPN体系结构案例配置（二）

PE1：

```
ip vpn-instance vpn1
 route-distinguisher 100:1
 vpn-target 100:1 export-extcommunity
 vpn-target 100:1 import-extcommunity
#
ip vpn-instance vpn2
 route-distinguisher 100:2
 vpn-target 100:2 export-extcommunity
 vpn-target 100:2 import-extcommunity
```

PE2：

```
ip vpn-instance vpn1
 route-distinguisher 100:1
 vpn-target 100:1 export-extcommunity
 vpn-target 100:1 import-extcommunity
#
ip vpn-instance vpn2
 route-distinguisher 100:2
 vpn-target 100:2 export-extcommunity
 vpn-target 100:2 import-extcommunity
```

图2-64 BGP MPLS VPN体系结构案例配置（三）

2）配置本地VPN步骤二：配置私网接口与VPN的绑定，如图2-65所示。将与对应用户相连的接口与对应的VPN进行绑定；对端CE设备无需感知VPN的存在，仅需做普通的接口地址等配置。

PE1：
```
interface Ethernet0/1
 ip binding vpn-instance vpn1
 ip address 192.168.1.1 255.255.255.252
#
 interface Ethernet0/2
 ip binding vpn-instance vpn2
 ip address 172.32.1.1 255.255.255.252
```

PE2：
```
interface Ethernet0/1
 ip binding vpn-instance vpn1
 ip address 192.168.2.1 255.255.255.252
#
 interface Ethernet0/2
 ip binding vpn-instance vpn2
 ip address 172.32.2.1 255.255.255.252
```

图 2-65 BGP MPLS VPN 体系结构案例配置（四）

3）配置本地 VPN 步骤三：配置 PE 和 CE 之间的路由协议。PE 设备能学习到本端相连的用户路由，如 PE1 学习到用户 1 的路由，并能与用户 1 互通；E 和相连的 CE 设备之间运行路由协议，其中 PE 设备上的路由协议需要与对应的 VPN 进行绑定，也就是运行路由协议多实例；由协议可以选择 OSPF、ISIS、EBGP、RIP、静态等。例中以 OSPF 为例，且以 PE1 和 CE1 及 CE2 之间的配置为例，如图 2-66 所示。

PE1：
```
ospf 11 vpn-instance vpn1
 area 0.0.0.0
  network 192.168.1.0 0.0.0.3
#
ospf 12 vpn-instance vpn2
 area 0.0.0.0
  network 172.32.1.0 0.0.0.3
```

CE1：
```
ospf 11
 area 0.0.0.0
  network 192.168.1.0 0.0.0.3
  network 192.168.254.1 0.0.0.0
```

CE2：
```
ospf 12
 area 0.0.0.0
  network 172.32.1.0 0.0.0.3
  network 172.32.254.1 0.0.0.0
```

图 2-66 BGP MPLS VPN 体系结构案例配置（五）

（4）配置 MP-BGP 的步骤。

1）配置 MP-BGP 步骤一：配置 PE 之间普通 BGP 邻居。PE 之间建立起普通的 BGP 邻居关系；注意配置 BGP 建立邻居的地址为 PE 的 loopback 地址，此举的目的在于发布的私网路由的下一跳是 PE 的 loopback 地址，如图 2-67 所示。

PE1：
```
bgp 100
 peer 1.1.1.2 as-number 100
 peer 1.1.1.2 connect-interface LoopBack0
```

PE2：
```
bgp 100
 peer 1.1.1.1 as-number 100
 peer 1.1.1.1 connect-interface LoopBack0
```

图 2-67 BGP MPLS VPN 体系结构案例配置（六）

2）配置 MP-BGP 步骤二：配置 PE 之间 MP-BGP 邻居。BGP 邻居只能传递普通的 IPv4 路由，建立起 MP-BGP 才能传递 BGP MPLS VPN 的私网路由，也就是 VPNv4 路由，建立 MP-BGP 邻居的前提是 PE 之间已经建立普通的 BGP 邻居，建立 MP-BGP 邻居的方法是，进入 BGP VPNv4 族，使能对应的 BGP 邻居，如图 2-68 所示。

PE1：
```
bgp 100
  ipv4-family vpnv4
      peer 1.1.1.2 enable
```

PE2：
```
bgp 100
  ipv4-family vpnv4
      peer 1.1.1.1 enable
```

图 2-68 BGP MPLS VPN 体系结构案例配置（七）

3）配置 MP-BGP 步骤三：配置本地 VPN 路由与 MP-BGP 之间的路由相互引入，本地的私网路由需要引入 BGP，才能通过 BGP 传给远端 CE；通过 BGP 学习到的远端私网路由需要引入本地 PE 与 CE 之间的路由协议，才能传递给本地的 CE。

以 PE1 为例，如图 2-69 所示，PE2 与之对称不做重复。

（5）配置结果验证。BGP MPLS VPN 的故障排查的思路与 BGP MPLS VPN 的原理也是统一的，当 BGP MPLS VPN 的网络出现两个私网

PE1:

```
bgp 100
 ipv4-family vpn-instance vpn1
  import-route direct
  import-route ospf 11
 #
 ipv4-family vpn-instance vpn2
  import-route direct
  import-route ospf 12
--------------------------------------------
ospf 11 vpn-instance vpn1
 import-route bgp
#
ospf 12 vpn-instance vpn2
 import-route bgp
```

图 2-69 BGP MPLS VPN 体系结构案例配置（八）

用户之间无法互通，可以按照下面的思路进行排查：①排查公网隧道是否存在；②排查本地 VPN 建立是否符合要求；③排查 MP-BGP 私网路由传递是否正确。

1）公网隧道故障排查步骤。排查公网隧道故障分为以下三步：①检查公网路由学习是否正确；②检查公网设备之间的 MPLS LDP 邻居关系是否正常；③检查到达对端 PE 的 loopback 地址的公网隧道是否存在。

检查公网路由学习是否正确，根据所选择的公网 IGP 路由协议，检查公网设备之间的 IGP 路由邻居关系是否正确；在 PE 上检查是否存在到达对端 PE 的 loopback 地址的 32 位掩码的明细路由，以 PE1 为例：

```
[PE1]dis ip routing-table
Routing Tables: Public
      Destinations : 11          Routes : 11
Destination/Mask    Proto  Pre  Cost      NextHop         Interface
      1.1.1.1/32  Direct 0     0          127.0.0.1      InLoopBack0
      1.1.1.2/32  OSPF    10   3          100.0.0.2        Ethernet0/0
      1.1.1.3/32  OSPF    10   2          100.0.0.2        Ethernet0/0
      100.0.0.0/30  Direct 0     0        100.0.0.1        Ethernet0/0
      100.0.0.1/32  Direct 0     0        127.0.0.1        InLoopBack0
      100.0.0.4/30  OSPF   10   2         100.0.0.2        Ethernet0/0
     127.0.0.0/8   Direct 0     0          127.0.0.1       InLoopBack0
     127.0.0.1/32   Direct 0     0          127.0.0.1       InLoopBack0
```

检查公网设备之间的 MPLS LDP 邻居关系是否正常，LDP 邻居建立完成后，正确的状态应该处于 Operational；如果不能到达 Operational 状态，则应进一步确认 LDP 配置，或深入排查 LDP 邻居建立过程的故障所在。

```
[PE1]dis mpls ldp session
              LDP Session(s) in Public Network
---------------------------------------------------------------------------
Peer-ID            Status      LAM  SsnRole  SsnAge       KA-Sent/Rcv
---------------------------------------------------------------------------
59.0.0.3:0         Operational DU   Passive  000:00:00    2/2
---------------------------------------------------------------------------
LAM : Label Advertisement Mode       SsnAge Unit : DDD:HH:MM
```

检查公网隧道是否存在，如果公网 IGP 和 LDP 均正常，PE 之间的应建立起到达对方 loopback 地址的 MPLS 隧道；隧道是单向的，需要在每台 PE 上分别查询：

```
[PE1]dis mpls ldp lsp

                          LDP LSP Information
---------------------------------------------------------------------------
SN     DestAddress/Mask   In/OutLabel    Next-Hop      In/Out-Interface
---------------------------------------------------------------------------
1      1.1.1.1/32         3/NULL         127.0.0.1       Eth0/0/InLoop0
2      1.1.1.2/32         NULL/1024      100.0.0.2     -------/Eth0/0
3      1.1.1.3/32         NULL/3         100.0.0.2     -------/Eth0/0


[PE2]dis mpls ldp lsp

                          LDP LSP Information
---------------------------------------------------------------------------
SN     DestAddress/Mask   In/OutLabel    Next-Hop      In/Out-Interface
---------------------------------------------------------------------------
1      1.1.1.1/32         NULL/1025      100.0.0.5     -------/Eth0/0
2      1.1.1.2/32         3/NULL         127.0.0.1       Eth0/0/InLoop0
3      1.1.1.3/32         NULL/3         100.0.0.5     -------/Eth0/0
```

2）排查本地 VPN 故障。排查本地 VPN 故障分为两步：①检查确认对应 VPN 的私网路由邻居建立是否正常；②检查 PE 与本地 CE 之间的路由学习是否正确。

检查确认对应 VPN 的私网路由邻居建立是否正常；首先在 PE 上查看

与对应用户相连的接口状态应该处于UP并与对应的VPN实例绑定；按照本例如果PE与CE之间采用OSPF路由协议，可查看对应的OSPF实例路由邻居是否建立成功：

```
<PE1>dis ospf  11  peer
OSPF Process 11 with Router ID 192.168.1.1
              Neighbors
Area 0.0.0.0 interface 192.168.1.1(Ethernet1/0/0)'s
neighbors
Router ID: 192.168.254.1    Address: 192.168.1.2
 GR State:Normal
  State: Full  Mode:Nbr is  Master  Priority: 1
  DR: 192.168.1.1  BDR: 192.168.1.2  MTU: 0
  Dead timer due in   28  sec
  Neighbor is up for 00:04:49
  Authentication Sequence: [ 0 ]
```

检查PE与本地CE之间的路由学习是否正确；在PE上检查是否学习到本地CE及用户的路由信息；无论PE与CE之间采用何种路由协议，重点在于PE能学习到本地用户的路由信息，以PE1的VPN1为例，PE1可以学习到用户1的路由，如下：

```
<PE1>dis ip routing-table vpn-instance vpn1
Routing Tables: vpn1
      Destinations : 5        Routes : 5
Destination/Mask     Proto  Pre  Cost    NextHop       Interface
   192.168.1.0/30    Direct0    0        192.168.1.1   Ethernet1/0/0
   192.168.1.1/32    Direct 0    0       127.0.0.1       InLoopBack0
   192.168.1.3/32    Direct 0    0       127.0.0.1       InLoopBack0
  192.168.254.1/32   OSPF   10   2       192.168.1.2   Ethernet1/0/0
255.255.255.255/32   Direct 0    0       127.0.0.1       InLoopBack0
```

3）排查MP-BGP私网路由传递故障。排查MP-BGP私网路由传递故障分为以下三步：①检查PE之间MP-BGP邻居是否建立成功；②检查PE是否学习到远端用户的私网路由；③检查CE是否学习到远端用户的私网路由。

检查PE之间MP-BGP邻居是否建立成功；建立MP-BGP邻居的前提是PE之间首先建立普通的BGP邻居；如果MP-BGP邻居未能正常建立，

检查对应的 MP-BGP 配置是否正确。

```
<PE1>dis bgp peer
  BGP local router ID : 1.1.1.1
  Local AS number : 100
Total number of peers : 1                Peers in established state : 1
 Peer        V   AS  MsgRcvd  MsgSent    OutQ  Up/Down     State PrefRcv
 1.1.1.2     4 100        3        2     0 00:00:10 Established      0

<PE1>dis bgp vpnv4 all peer
BGP local router ID : 1.1.1.1
Local AS number : 37937
Total number of peers : 1                Peers in established state : 1
 Peer      V   AS  MsgRcvd  MsgSent    OutQ  Up/Down     State PrefRcv
 1.1.1.2   4 100        3        2     0 00:00:18 Established      0
```

检查 PE 是否学习到远端用户的私网路由；在 PE 上检查是否学习到本地 CE 及用户的路由信息；PE 之间建立起 MP-BGP 邻居后具备了互相传递私网路由的能力；但此时需要将本地的私网路由引入 BGP，BGP 才能将这些引入的路由传递给对端，结果可以在 PE 上检查到对端用户的私网路由。

```
<PE1>dis ip routing-table vpn-instance vpn1
Routing Tables: vpn1
      Destinations : 7         Routes : 7
Destination/Mask     Proto  Pre  Cost       NextHop        Interface
   192.168.1.0/30    Direct 0     0         192.168.1.1    Ethernet1/0/0
   192.168.1.1/32    Direct 0     0         127.0.0.1      InLoopBack0
   192.168.1.3/32    Direct 0     0         127.0.0.1      InLoopBack0
   192.168.2.0/30    BGP     255   0        59.0.0.2       Ethernet1/0/2
   192.168.254.1/32   OSPF    10    2       192.168.1.2    Ethernet1/0/0
   192.168.255.1/32   BGP     255   3       59.0.0.2       Ethernet1/0/2
255.255.255.255/32   Direct 0     0          127.0.0.1       InLoopBack0
```

检查 CE 是否学习到远端用户的私网路由；PE 通过 BGP 学习到远端用户的私网路由后，需要将该 BGP 路由引入到 PE 与 CE 之间的路由协议，CE 才能学习到远端用户的私网路由；以 CE1 为例，可以查看到用户 3 的路由信息：

```
<CE1>dis ip routing-table
  Routing Table: public net
Destination/Mask   Protocol Pre  Cost       Nexthop        Interface
127.0.0.0/8        DIRECT    0    0         127.0.0.1                       InLoopBack0
127.0.0.1/32       DIRECT    0    0         127.0.0.1                       InLoopBack0
```

192.168.1.0/30	DIRECT	0	0	192.168.1.2	Ethernet0/0
192.168.1.2/32	DIRECT	0	0	127.0.0.1	InLoopBack0
192.168.2.0/30	O_ASE	150	1	192.168.1.1	Ethernet0/0
192.168.254.1/32	DIRECT	0	0	127.0.0.1	InLoopBack0
192.168.255.1/32	OSPF	10	4	192.168.1.1	Ethernet0/0

任务六　安全加固配置

【任务描述】

本任务主要讲解调度数据网中路由器的安全加固配置，主要包括限制路由器只能使用SSH进行远程登录，禁止Telnet登录，限制只有管理权限的网段才能登录路由器，关闭不使用的业务和端口，设置路由器的口令认证等内容。通过本任务的学习，读者可掌握路由器的安全加固配置技能。

【知识要点】

1. 限制交换机只能通过SSH服务进行远程登录

由于Telnet这种远程登录的方式是明文传输的，因此传输数据有被窃听的可能，因此一般对安全性要求较高的场所，建议使用密文传输的SSH服务。

2. 访问控制列表ACL

为了设备的安全，一般会通过ACL策略设定只有网管员、网管机所在的管理网段才能登录设备，最大可能的减小被人为误操作或恶意操作的可能性。

3. 关闭不使用的业务和端口

在分析路由器业务需求的基础上，按照最小授权原则（除非有明确的访问需求，否则默认关闭访问通道），关闭不使用的业务端口，关闭不需要开启的服务等，如关闭FTP、NDP服务等。

4. 设置路由器登录口令认证

路由器默认情况下，Console口等是没有密码的，为了配置安全，通常会为其配置一个口令，以增强安全性。

【技能要领】

网络设备的网络服务配置方面，必须遵循最小化服务原则，关闭网络设备不需要的所有服务，避免网络服务或网络协议自身存在的安全漏洞增加网络的安全风险，对于必须开启的网络服务，必须通过访问控制列表等手段限制远程主机地址。在边缘路由器应当关闭对于某些会引起网络安全风险的协议或服务。

➢ 关闭所有默认开启但是不必需的服务，如：TCP/UDP 小包服务、finger 等服务。

➢ 关闭 ICMP 网络不可达、IP 重定向、路由器掩码回应服务，避免引发 ARP 欺骗、地址欺骗和 DDOS 攻击。

➢ 关闭 source-route、ARP 代理、定向广播服务，避免引发地址欺骗和 DDos 攻击。

在口令的安全管理上，必须实施相应的用户授权及集中认证单点登录等机制，不得存在测试账户、口令现象。可以采用 RADIUS+服务器实行集中式口令管理和操作记录管理。

增加网络设备的口令强度，所有网络设备的口令需要满足一定的复杂性要求。对设备口令在本地的存储，应采用系统支持的强加密方式，设备口令不得相同，口令必须定时更新等。

1. 基本安全配置

(1) 账户配置管理。

1) 应按照用户分配账号，避免不同用户间共享账号，避免用户账号和设备间通信使用的账号共享。

【配置步骤—华为】

```
aaa
local-user user1 password cipher PWD1
local-user user1 service-typessh
local-user user2 password cipher PWD2
local-user user2 service-type ftp
#
```

```
user-interface vty 0 4
authentication-mode aaa
```

2）华为网络设备命令级别共分为访问、监控、系统、管理 4 个级别，分别对应标识 0、1、2、3。配置登录默认级别为访问级（0-VISIT）。

【配置步骤—华为】

```
aaa
 local-user user-name level level
#
user-interface con 0
 authentication-mode aaa
user-interface vty 0 4
 authentication-mode aaa
```

（2）口令配置管理。

1）通过控制台和远程终端，需要密码才能登录。口令长度至少 8 位，并包括数字、小写字母、大写字母和特殊符号 4 类中至少两类。且 5 次以内不得设置相同的口令。密码应至少每 90 天进行更换。

【配置步骤—华为】

```
user-interface  vty  0 4
authentication-mode  password
set authentication password  cipher  password
#
user-interface con 0
authentication-mode  password
set authentication password  cipher  password
```

2）静态口令必须使用不可逆加密算法加密后保存于配置文件中。

【配置步骤—华为】

```
local-user user-name password cipher password
set authentication password  cipher  password
```

（3）日志配置管理。

设备应支持远程日志功能。所有设备日志均能通过远程日志功能传输到日志服务器。设备应支持至少一种通用的远程标准日志接口，如 SYS-

LOG、FTP 等。

【配置步骤—华为】

```
info-center  enable
info-center  loghost  ip-address
```

（4）IP 协议配置管理。

1）对于使用 IP 协议进行远程维护的设备，设备应配置使用 SSH 等加密协议，关闭 TELNET 协议。

【配置步骤—华为】

```
ssh  server  enable
undo telnet server enable
#
user-interface  vty  0 4
authentication-mode aaa
protocol  inbound  ssh
```

2）系统远程管理服务 TELNET、SSH 默认可以接受任何地址的连接，出于安全考虑，应该只允许特定地址访问。

【配置步骤—华为】

```
acl number acl-number
rule rule-id {permit | deny} source source-address source-wildcard
#
user-interface  vty  0 4
acl acl-number inbound
```

（5）SNMP 安全配置管理。

1）系统应修改 SNMP 的 Community 默认通行字，通行字应符合口令强度要求。

【配置步骤—华为】

snmp-agent community {read|write} *community-name*(community－name 不能为 public 和 private)

2）系统应配置为 SNMPV2 或以上版本。

【配置步骤—华为】

snmp-agent sys-info version{v2c|v3}(version 不可为 all 或 v1)

3）设置 SNMP 访问安全限制，只允许特定主机通过 SNMP 访问网络设备。

【配置步骤—华为】

```
acl number acl - number
rule rule-id{permit|deny}source source-address source-wildcard
#
snmp-agent
snmp-agent community {read|write} community-name acl acl-number
```

（6）其他安全配置管理。

1）关闭未使用的端口。

【配置步骤—华为】

```
interface  interface-type  interface-number
shutdown
```

2）配置定时账号自动登出，登出后用户需再次登录才能进入系统。设置超时时间为 5min。

【配置步骤—华为】

```
user-interface  console  0
idle-timeout  minutes seconds
#
user-interface  vty  0 4
idle-timeout  minutes seconds
#
user-interface  aux 0
idle-timeout  minutes seconds
```

3）关闭网络设备不必要的服务，比如 FTP、Telnet、HTTP 服务等。

【配置步骤—华为】

```
undo  ftp  serverenable
undo  http  server enable
undo telnet server enable
```

2. 增强安全配置

安全防护配置要求。为了防止地址欺骗攻击，设备应配置 URPF 的安全特性。

【配置步骤—华为】

```
acl number acl-number
rule rule-id{permit|deny}source source-address source-wildcard
#
interface interface-type interface-number
ip urpf strict acl acl-number
```

项目三

典型案例

【项目描述】

本项目包含劳模工作室模拟环境练习、电力调度数据网典型案例配置、电力调度数据网典型故障消缺等内容。通过下面十一个案例，了解电力调度数据网交换机、路由器的配置及故障排错消缺等内容。

案例一　劳模工作室模拟环境练习

1. 案例描述

本案例主要讲解设备常规配置、协议常规配置、VPN 实例配置、接口配置、VPN 接口配置、OSPF 路由协议配置、BGP 路由协议配置等内容。通过案例分析，了解路由协议；熟悉交换技术；掌握设备配置等内容。

2. 技术方案

（1）劳模工作室模拟环境网络拓扑图如图 3-1 所示。

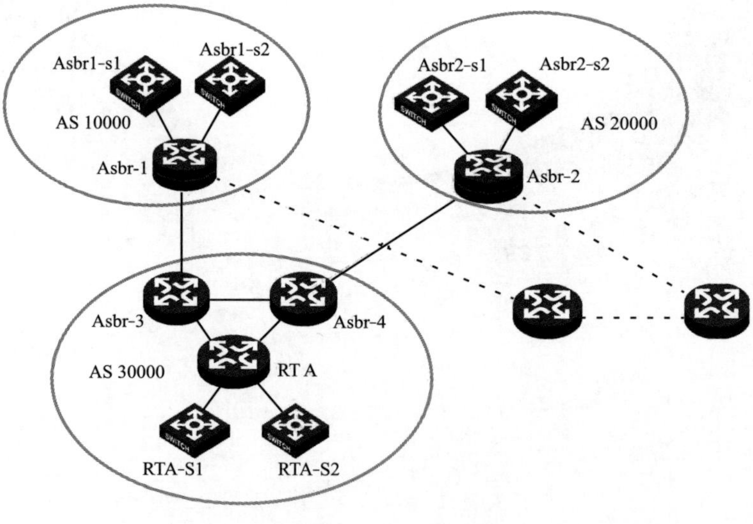

图 3-1　劳模工作室模拟环境网络拓扑图

（2）IP 地址互联地址及管理地址，详见表 3-1～表 3-4。

表 3-1　　　　IP 地址互联及管理地址表

路由器互联地址/30					
所属区域	互联线路	互联设备（1）	IP 地址	互联设备（2）	IP 地址
AS30000	Asbr-3-Asbr-4	Asbr-3	33.1.100.1	Asbr-4	33.1.100.2
	Asbr-3-RT A	Asbr-3	33.1.100.5	RT A	33.1.100.6
	Asbr-4-RT A	Asbr-4	33.1.100.9	RT A	33.1.100.10
	Asbr-3-Asbr-1	Asbr-3	1.1.1.2	Asbr-1	1.1.1.1
	Asbr-4-ASBR-2	Asbr-4	2.1.1.2	ASBR-2	2.1.1.1
AS40000	Asbr-3-Asbr-4	Asbr-3	33.2.100.1	Asbr-4	33.2.100.2
	Asbr-3-RT A	Asbr-3	33.2.100.5	RT A	33.2.100.6
	Asbr-4-RT A	Asbr-4	33.2.100.9	RT A	33.2.100.10
	Asbr-3-Asbr-1	Asbr-3	1.1.1.6	Asbr-1	1.1.1.5
	Asbr-4-ASBR-2	Asbr-4	2.1.1.6	ASBR-2	2.1.1.5
AS50000	Asbr-3-Asbr-4	Asbr-3	33.3.100.1	Asbr-4	33.3.100.2
	Asbr-3-RT A	Asbr-3	33.3.100.5	RT A	33.3.100.6
	Asbr-4-RT A	Asbr-4	33.3.100.9	RT A	33.3.100.10
	Asbr-3-Asbr-1	Asbr-3	1.1.1.10	Asbr-1	1.1.1.9
	Asbr-4-ASBR-2	Asbr-4	2.1.1.10	ASBR-2	2.1.1.9

路由器管理地址/32		
地区	设备名称	管理地址/32
AS30000	Asbr-3	100.1.1.1
	Asbr-4	100.1.1.2
	RT A	100.1.1.3
AS40000	Asbr-3	100.2.1.1
	Asbr-4	100.2.1.2
	RT A	100.2.1.3
AS50000	Asbr-3	100.3.1.1
	Asbr-4	100.3.1.2
	RT A	100.3.1.3
AS10000	Asbr-1	111.1.1.1
AS20000	Asbr-2	222.1.1.1

表 3-2　　　　VPN 信息表

VPN 信息							
序号	点名	实时 RT		非实时 RT		RD	
		export	import	export	import	realtime	NRT
1	AS30000	30000：100	30000：100	30000：200	30000：200	30000：1	30000：2
2	AS40000	40000：100	40000：100	40000：200	40000：200	40000：1	40000：2

续表

VPN信息							
序号	点名	实时 RT		非实时 RT		RD	
		export	import	export	import	realtime	NRT
3	AS50000	50000：100	50000：100	50000：200	50000：200	50000：1	50000：2
4	AS10000	10000：100	10000：100	10000：200	10000：200	10000：1	10000：2
5	AS20000	20000：100	20000：100	20000：200	20000：200	20000：1	20000：2

表 3-3　　实时网关及交换机管理地址表

序号	所属区域	实时网关/27	交换机管理
1	AS10000	33.136.1.1	33.136.1.29
2	AS20000	33.136.2.1	33.136.2.29
3	AS30000	33.136.3.1	33.136.3.29
4	AS40000	33.136.4.1	33.136.4.29
5	AS50000	33.136.5.1	33.136.5.29

表 3-4　　非实时网关及交换机管理地址表

序号	所属区域	非实时网关/26	交换机管理
1	AS10000	33.137.1.1	33.137.1.60
2	AS20000	33.137.2.1	33.137.2.60
3	AS30000	33.137.3.1	33.137.3.60
4	AS40000	33.137.4.1	33.137.4.60
5	AS50000	33.137.5.1	33.137.5.60

（3）知识要点。

1）AS：自制系统。

2）IGP：内部网关协议，本文中指 OSPF、静态路由等路由协议。

3）EGP：外部网关协议，本文中指 BGP 等路由协议。

4）IBGP：在同一 AS 内建立邻居关系的运行 BGP 路由器。

5）EBGP：在不同 AS 间建立邻居关系的运行 BGP 路由器。

6）Asbr：自制系统边界路由器。

7）公网：传输 MPLS 标签途径接口和线路。

8）私网：VPN 封装的业务接口等配置。

（4）拓扑目标。AS10000、AS20000、AS30000、AS40000 及 AS50000

间 A 业务能够互通，B 业务能够互通，同时 A 和 B 业务隔离。

（5）配置指导。A、B 业务需要隔离且分布在 5 个不同自制系统（AS）中，A、B 业务间可采用 MPLS VPN 隔离和传送。MPLS VPN 的实现需要运行在 MBGP 上，而 MBGP 运行前提需要 BGP 和 IGP 的正常建立。

在本拓扑中，配置思路如下（不含业务交换机配置思路）：

1）设备常规配置：

a. 配置设备名称；配置设备 ssh 远程登录方式；配置 local-user 等；

b. 涉及设备：所有设备均需配置。

2）协议常规配置：

a. 配置设备 loopback 地址；router id；全局启用 mpls 等；

b. 涉及设备：所有设备均需配置。

3）VPN 实例配置：

a. 配置业务 A、B 的 VPN 实例；

b. 涉及设备：所有设备均需配置。

4）接口配置：

a. 配置设备各物理接口 IP 地址和接口信息等；

b. 涉及设备：所有设备均需配置。

5）VPN 接口配置：

a. 配置业务交换机上联路由器 VPN 接口；

b. 涉及设备：RT A 、ASBR-1 及 ASBR-2 路由。

6）OSPF 路由协议配置：

a. 配置路由器 OSPF 路由协议；

b. 涉及设备：汇聚路由与接入路由器。

7）BGP 路由协议配置：

a. 配置路由器 BGP 路由协议；

b. 下文将按照逻辑关系，通过分步骤自下而上的方式简单介绍配置，本配置适用设备和版本：H3C MSR36-40、Version 7.1.042，Release 0007P02 版本，H3C S3600V2-28TP-SI、Version 5.20，Release 2108P01

版本。

（6）RT A 路由配置。

1）设备常规配置。

```
#
 sysname  ZJ1-XXX-R1
#
 ssh  server enable
 public-key local creat rsa

#
 super password role level-15 simple admin
#
local-user admin class manage
 password role level-15 simple admin
 service-type ssh
 authorization-attribute user-role level-15
#
user-interface vty 0 4
 authentication-mode scheme
#
```

2）协议常规配置。

```
#
interface LoopBack0
 ip address 100. 1. 1. 3 255. 255. 255. 255
#
 router id 100. 1. 1. 3
#
 ip ttl-expires enable
 ip unreachables enable
#
 mpls lsr-id 100. 1. 1. 3
#
```

3）VPN 实例配置。

```
 ip vpn-instance vpn-nrt
 route-distinguisher30000:2
 vpn-target30000:200 import-extcommunity
 vpn-target30000:200 export-extcommunity# #
ip vpn-instance vpn-rt
 route-distinguisher 30000:1
 vpn-target 30000:100 import-extcommunity
```

```
 vpn-target 30000:100 export-extcommunity
#
```

4）接口配置。

```
#
interface GigabitEthernet0/0
 port link-mode route
 description TO ZJ1-R1-G0/2
 combo enable copper
 ip address 33.1.100.6 255.255.255.252
 mpls enable
mpls ldp enable
#
interface GigabitEthernet0/1
 port link-mode route
 description TO ZJ1-R2-G0/2
 combo enable copper
 ip address 33.1.100.10 255.255.255.252
 mpls enable
 mpls ldp enable
#
```

5）VPN 接口配置。

```
#
interface Vlan-interface100
 description vpn-rt
 ip binding vpn-instance vpn-rt
 ip address 33.136.3.1 255.255.255.224
#
interface Vlan-interface200
 description vpn-nrt
 ip binding vpn-instance vpn-nrt
 ip address 33.137.3.1 255.255.255.192
#
interface Ethernet2/0
 port link-mode bridge
 description To_vpn-rt
 port access vlan 100
#
interface Ethernet2/1
 port link-mode bridge
 description To_vlan-nrt
 port access vlan 200
#
```

6）OSPF 路由协议配置。

```
#
ospf 1 router-id 100. 1. 1. 3
 area 0. 0. 0. 1
  network 33. 1. 100. 4 0. 0. 0. 3
  network 33. 1. 100. 8 0. 0. 0. 3
  network 100. 1. 1. 3 0. 0. 0. 0
```

7）BGP 路由协议配置。

```
bgp 30000
 group bdz internal
 peer bdz connect-interface LoopBack0
 peer 100. 1. 1. 1 group bdz
 peer 100. 1. 1. 2 group bdz
 #
 address-family ipv4 unicast
  peer bdz enable
 #
 address-family vpnv4
  peer bdz enable
  peer bdz advertise-community
 #
 ip vpn-instance vpn-nrtv
  #
  address-family ipv4 unicast
   import-route direct
   import-route static
 #
 ip vpn-instance vpn-rt
  #
  address-family ipv4 unicast
   import-route direct
   import-route static
 #
```

（7）交换机 RTA-S1。

```
 #
 sysname RTA-S1

 super password level 3 cipher $ c $ 3 $ ae69g4eIoODsrkjZF3WgSDk5KqtPdpgY
 #
 vlan100
  description vpn-rt
```

```
#
local-user admin
 password cipher $c$3$/VXz1D5Qsbq4RZGQUszTXXlq4IJq+0UL
 authorization-attribute user-role guest-manager
 service-type ssh
#
interface NULL0
#
interface Vlan-interface100
 ip address 33.136.3.29 255.255.255.224
#
interface Ethernet1/0/1
 port link-mode bridge
 port access vlan100
#
interface Ethernet1/0/24
 port link-mode bridge
 port access vlan100
#
 ip route-static 0.0.0.0 0.0.0.0 33.136.3.1
#
user-interface vty 0 4
 authentication-mode scheme
```

（8）业务交换机 RTA-S2。

```
#
sysname RTA-S2
super password level 3 cipher $c$3$ae69g4eIoODsrkjZF3WgSDk5KqtPdpgY
#
vlan 200
 description vpn-nrt
#
local-user admin
 password cipher $c$3$/VXz1D5Qsbq4RZGQUszTXXlq4IJq+0UL
 authorization-attribute user-role guest-manager
 service-type ssh
#
interface NULL0
#
interface Vlan-interface200
 ip address 33.137.3.60 255.255.255.192
#
interface Ethernet1/0/24
 port link-mode bridge
```

```
 port access vlan 200
#
 ip route-static 0.0.0.0 0.0.0.0 33.137.3.1
#
user-interface vty 0 4
 authentication-mode scheme
```

(9) Asbr-4 配置。

1) 设备常规配置。

```
#
 sysname ZJ1-R2
#
 ssh server enable
 public-key local creat rsa
#
 super password role level-15 simple admin
local-user admin class manage
 password role level-15 simple admin
 service-type ssh
 authorization-attribute user-role level-15
#
user-interface vty 0 4
 authentication-mode scheme
#
```

2) 协议常规配置。

```
#
interface LoopBack0
 ip address 100.1.1.2 255.255.255.255
#
 router id 100.1.1.2
#
 ip ttl-expires enable
 ip unreachables enable
#
 mpls lsr-id 100.1.1.2
#
```

3) VPN 实例配置。

```
#
ip vpn-instance vpn-nrt
 route-distinguisher 30000:2
 vpn-target 30000:200 20000:200 10000:200 import-extcommunity
```

```
 vpn-target 30000:200 20000:200 10000:200 export-extcommunity
#
ip vpn-instance vpn-rt
 route-distinguisher 30000:1
 vpn-target 30000:100 20000:100 10000:100 import-extcommunity
 vpn-target 30000:100 20000:100 10000:100 export-extcommunity
#
```

4）接口配置。

```
#
interface GigabitEthernet0/1
 port link-mode route
 description TO_AS20000
 combo enable copper
 ip address 2.1.1.2 255.255.255.252
 mpls enable
#
interface GigabitEthernet0/2
port link-mode route
 description To-ZJ1-XXX-Gi0/1
 ip address 33.1.100.9 255.255.255.252
 mpls enable
 mpls ldp enable
#
interface GigabitEthernet0/0
 port link-mode route
 description TO-ZJ1-R1-gi0/0
 combo enable copper
 ip address 33.1.100.2 255.255.255.252
 mpls enable
 mpls ldp enable
#
```

5）VPN 接口配置。

无，汇聚未连接业务交换机，作为 MPLS VPN 结构中 P 设备，仅传输 MPLS VPN。

6）OSPF 路由协议配置。

```
ospf 1 router-id 100.1.1.2
area 0.0.0.0
  network 2.1.1.0 0.0.0.3
  network 100.1.1.2 0.0.0.0
 area 0.0.0.1
  network 33.1.100.0 0.0.0.3
  network 33.1.100.8 0.0.0.3
```

7）BGP 路由协议配置。

```
bgp 30000
 group 10 internal
 peer 10 connect-interface LoopBack0
 group 20 internal
 peer 20 connect-interface LoopBack0
 peer 2.1.1.1 as-number 20000
 peer 100.1.1.1 group 20
 peer 100.1.1.3 group 10
 #
 address-family ipv4 unicast
  peer 10 enable
  peer 10 reflect-client
  peer 20 enable
  peer 2.1.1.1 enable
  peer 2.1.1.1 advertise-community
 #
 address-family vpnv4
  peer 10 enable
  peer 10 advertise-community
  peer 10 reflect-client
  peer 20 enable
  peer 20 advertise-community
  peer 2.1.1.1 enable
  peer 2.1.1.1 advertise-community
 #
 ip vpn-instance vpn-nrt
  #
  address-family ipv4 unicast
   import-route direct
   import-route static
 #
 ip vpn-instance vpn-rt
  #
  address-family ipv4 unicast
   import-route direct
   import-route static
```

（10）Asbr-3 配置。原理同 Asbr-4。

（11）ASBR-1 配置。

1）设备常规配置。

```
#
 sysname I-R
#
 ssh server enable
 public-key local creat rsa
#
 super password role level-15 simple admin
local-user admin class manage
 password role level-15 simple admin
 service-type ssh
 authorization-attribute user-role level-15
#
user-interface vty 0 4
 authentication-mode scheme
```

2）协议常规配置。

```
#
interface LoopBack0
 ip address 111.1.1.1 255.255.255.255
#
 router id 111.1.1.1
#
 ip ttl-expires enable
 ip unreachables enable
#
 mpls lsr-id 111.1.1.1
#
```

3）VPN实例配置。

```
#
ip vpn-instance vpn-rt
 route-distinguisher 10000:1
 vpn-target 10000:100 20000:100 30000:100 40000:100 50000:100export-extcommunity
 vpn-target 10000:100 20000:100 30000:100 40000:100 50000:100 import-extcommunity
#
ip vpn-instance vpn-nrt
 route-distinguisher 10000:2
 vpn-target 10000:200 20000:200 30000:200 40000:200 50000:200 export-extcommunity
 vpn-target 10000:200 20000:200 30000:200 40000:200 50000:200 import-extcommunity
#
```

4）接口配置。

```
interface GigabitEthernet0/0
```

```
 port link-mode route
 description TO_ZJ1-R1-Gi0/0
 ip address 1.1.1.1 255.255.255.252
 mpls
#
```

5）VPN 接口配置。

```
#
interface Vlan-interface100
 description vpn-rt
 ip binding vpn-instance vpn-rt
 ip add 33.136.1.1 255.255.255.224
#
#
```

6）OSPF 路由协议配置。

本文中 ASBR-1 子区直接连接业务交换机，业务通过 mbgp vpn 封装，然后通过 ebgp 与 AS30000、40000、50000 发生交互。没有 ibgp 需求，因此无 OSPF 配置。

7）BGP 路由协议配置。

```
bgp 10000
 undo synchronization
 peer 1.1.1.2 as-number 30000
 #
 ipv4-family vpn-instance vpn-rt
  import-route direct
  import-route static
 #
 ipv4-family vpn-instance vpn-nrt
  import-route direct
  import-route static
 #
 ipv4-family vpnv4
  undo policy vpn-target
  peer 1.1.1.2 enable
 #
```

（12）ASBR-2 配置。原理同 ASBR-1。

（13）配置状态查看。每台设备上查看到的结果都不同，但是原理相通，此处以 RTA 为例。

1）查看 ospf 邻居：

```
<RTA>display ospf peer
```

```
                    OSPF Process 1 with Router ID 100.1.1.3
                          Neighbor Brief Information

Area: 0.0.0.1
Router ID          Address          Pri Dead-Time Interface      State
100.1.1.1          33.1.100.5        1    33        GE0/0          Full/DR
100.1.1.2          33.1.100.9        1    37        GE0/1          Full/DR
```

两个邻居 asbr3 和 asbr4 状态正常“FULL”。

2）查看 bgp 邻居状态：

```
<RTA>display bgp peer ipv4 unicast

BGP local router ID: 100.1.1.3
Local AS number: 30000
Total number of peers: 2                  Peers in established state: 2

 Peer                    AS  MsgRcvd  MsgSent OutQ PrefRcv Up/Down  State

 100.1.1.1             30000    12        10    0        0 00:03:38 Established
 100.1.1.2             30000    12        10    0        0 00:03:38 Established
```

两个 bgp 邻居 Asbr3 和 Asbr4 状态正常“Established”。

3）查看两个 vpn 邻居 Asbr3 和 Asbr4：

```
<RTA>display bgp peer vpnv4

BGP local router ID: 100.1.1.3
Local AS number: 30000
Total number of peers: 2                Peers in established state: 2

 Peer                    AS  MsgRcvd  MsgSent OutQ PrefRcv Up/Down State

 100.1.1.1            30000    14        12    0        4 00:05:15 Established
 100.1.1.2            30000    14        12    0        4 00:05:15 Established
```

两个 vpn 邻居状态正常“Established”。

4）查看业务 A vpn-rt 路由表：

```
<RTA>display ip routing-table vpn-instance vpn-rt
```

```
Destinations : 14        Routes : 14

Destination/Mask      Proto  Pre  Cost    NextHop       Interface
0.0.0.0/32            Direct 0    0       127.0.0.1     InLoop0
33.136.1.0/27         BGP    255  0       100.1.1.1     GE0/0
33.136.2.0/27         BGP    255  0       100.1.1.2     GE0/1
33.136.3.0/27         Direct 0    0       33.136.3.1    Vlan100
33.136.3.0/32         Direct 0    0       33.136.3.1    Vlan100
33.136.3.1/32         Direct 0    0       127.0.0.1     InLoop0
33.136.3.31/32        Direct 0    0       33.136.3.1    Vlan100
127.0.0.0/8           Direct 0    0       127.0.0.1     InLoop0
127.0.0.0/32          Direct 0    0       127.0.0.1     InLoop0
127.0.0.1/32          Direct 0    0       127.0.0.1     InLoop0
127.255.255.255/32    Direct 0    0       127.0.0.1     InLoop0
224.0.0.0/4           Direct 0    0       0.0.0.0       NULL0
224.0.0.0/24          Direct 0    0       0.0.0.0       NULL0
255.255.255.255/32    Direct 0    0       127.0.0.1     InLoop0
```

路由表中存在 AS10000 业务 A、AS20000 业务 A。

5）在业务 B vpn-nrt 路由表中可以查看到 AS 10000 和 AS 20000 业务 B 的路由条目：

```
<RTA>display ip routing-table vpn-instance vpn-nrt

Destinations : 14        Routes : 14

Destination/Mask      Proto  Pre  Cost    NextHop       Interface
0.0.0.0/32            Direct 0    0       127.0.0.1     InLoop0
33.137.1.0/26         BGP    255  0       100.1.1.1     GE0/0
33.137.2.0/26         BGP    255  0       100.1.1.2     GE0/1
33.137.3.0/26         Direct 0    0       33.137.3.1    Vlan200
33.137.3.0/32         Direct 0    0       33.137.3.1    Vlan200
33.137.3.1/32         Direct 0    0       127.0.0.1     InLoop0
33.137.3.63/32        Direct 0    0       33.137.3.1    Vlan200
127.0.0.0/8           Direct 0    0       127.0.0.1     InLoop0
127.0.0.0/32          Direct 0    0       127.0.0.1     InLoop0
127.0.0.1/32          Direct 0    0       127.0.0.1     InLoop0
127.255.255.255/32    Direct 0    0       127.0.0.1     InLoop0
224.0.0.0/4           Direct 0    0       0.0.0.0       NULL0
224.0.0.0/24          Direct 0    0       0.0.0.0       NULL0
255.255.255.255/32    Direct 0    0       127.0.0.1     InLoop0
```

6）测试到 AS20000 业务 B 连通性：

```
<RTA>ping -vpn-instance vpn-nrt 33.137.2.1
Ping 33.137.2.1 (33.137.2.1): 56 data bytes, press escape sequence to break
56 bytes from 33.137.2.1: icmp_seq=0 ttl=255 time=0.257 ms
56 bytes from 33.137.2.1: icmp_seq=1 ttl=255 time=0.112 ms
56 bytes from 33.137.2.1: icmp_seq=2 ttl=255 time=0.185 ms
56 bytes from 33.137.2.1: icmp_seq=3 ttl=255 time=0.118 ms
56 bytes from 33.137.2.1: icmp_seq=4 ttl=255 time=0.115 ms

---Ping statistics for 33.137.2.1 in VPN instance vpn-nrt---
5 packet(s) transmitted, 5 packet(s) received, 0.0% packet loss
round-trip min/avg/max/std-dev = 0.112/0.157/0.257/0.057 ms
```

7）测试到 AS20000 业务 B 交换机连通性：

```
<RTA>ping -vpn-instance vpn-nrt 33.137.2.60
Ping 33.137.2.60 (33.137.2.60): 56 data bytes, press escape sequence to break
56 bytes from 33.137.2.60: icmp_seq=0 ttl=254 time=2.484 ms
56 bytes from 33.137.2.60: icmp_seq=1 ttl=255 time=1.469 ms
56 bytes from 33.137.2.60: icmp_seq=2 ttl=255 time=1.572 ms
56 bytes from 33.137.2.60: icmp_seq=3 ttl=255 time=1.604 ms
56 bytes from 33.137.2.60: icmp_seq=4 ttl=255 time=1.534 ms

---Ping statistics for 33.137.2.60 in VPN instance vpn-nrt---
5 packet(s) transmitted, 5 packet(s) received, 0.0% packet loss
round-trip min/avg/max/std-dev = 1.469/1.733/2.484/0.378 ms
```

业务 A 和业务 B 是隔离的，不会在一张路由表中同时看到两边 vpn 路由。查看命令行也是隔开的。

案例二　MPLS L3VPN ＋ BGP 功能配置

1. 案例描述

2 台 PE 各接着一个 vpna 的站点，PEA 连接 vpna 站点 1 出口 CEA，PEA 与 CEA 通过 BGP 扩散 vpna 路由。

设备清单：路由器 3 台。

2. 技术方案

（1）MPLS L3VPN＋BGP 网络拓扑图如图 3-2 所示。

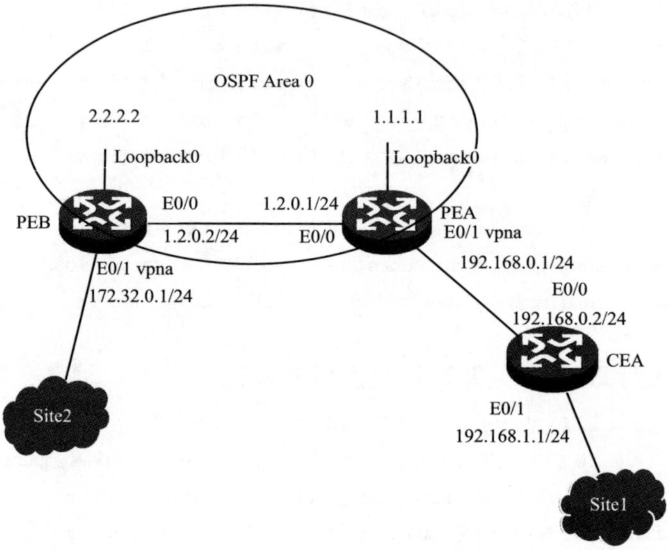

图 3-2　MPLS L3VPN＋BGP 网络拓扑图

（2）配置步骤。适用设备和版本：H3C MSR 系列、Version 5.20，Beta 1105 版本。

1）CEA 配置：

```
interface Ethernet0/0
 port link-mode route
 ip address 192.168.0.2 255.255.255.0
#
interface Ethernet0/1
 port link-mode route
 ip address 192.168.1.1 255.255.255.0
#
bgp 3
 network 192.168.1.0
 undo synchronization
 peer 192.168.0.1 as-number 1
#
```

2）PEA 配置：

```
router id 1.1.1.1
#
ip vpn-instance vpna
 route-distinguisher 1:1
 vpn-target 1:1 export-extcommunity
 vpn-target 1:1 import-extcommunity
#
mpls lsr-id 1.1.1.1
#
mpls
#
mpls ldp
#
interface Ethernet0/0
 port link-mode route
 ip address 1.2.0.1 255.255.255.0
 mpls
 mpls ldp
#
interface Ethernet0/1
 port link-mode route
 ip binding vpn-instance vpna
 ip address 192.168.0.1 255.255.255.0
#
interface LoopBack0
 ip address 1.1.1.1 255.255.255.255
#
bgp 1
 undo synchronization
 group 1 internal
 peer 1 connect-interface LoopBack0
 peer 2.2.2.2 group 1
 #
 ipv4-family vpnv4
  peer 1 enable
  peer 2.2.2.2 enable
  peer 2.2.2.2 group 1
 #
```

```
 ipv4-family vpn-instance vpna
  peer 192.168.0.2 as-number 3
  network 192.168.0.0
#
ospf 1
 area 0.0.0.0
  network 1.1.1.1 0.0.0.0
  network 1.2.0.0 0.0.0.255
#
```

3）PEB配置：

```
#
 router id 2.2.2.2
#
ip vpn-instance vpna
 route-distinguisher 2:1
 vpn-target 1:1 export-extcommunity
 vpn-target 1:1 import-extcommunity
#
mpls lsr-id 2.2.2.2
#
mpls
#
mpls ldp
#
interface Ethernet0/0
 port link-mode route
 ip address 1.2.0.2 255.255.255.0
 mpls
 mpls ldp
#
interface Ethernet0/1
 port link-mode route
 ip binding vpn-instance vpna
 ip address 172.32.0.1 255.255.255.0
#
interface LoopBack0
 ip address 2.2.2.2 255.255.255.255
#
bgp 1
 undo synchronization
 peer 1.1.1.1 as-number 1
 peer 1.1.1.1 connect-interface LoopBack0
```

```
  #
  ipv4-family vpnv4
   peer 1.1.1.1 enable
  #
  ipv4-family vpn-instance vpna
   import-route direct
 #
ospf 1
 area 0.0.0.0
  network 2.2.2.2 0.0.0.0
  network 1.2.0.0 0.0.0.255
 #
```

（3）配置关键点。

1）CEA 上配置的 BGP 是普通 BGP。

2）PEA 上需要配置 CEA 的 EBGP 连接，注意配置到 bgp 的 vpn 实例视图下。

案例三 MP-EBGP（单跳 MP-EBGP 方式）功能配置

1. 案例描述

peA 和 asbrA 在 AS1，peB 和 asbrB 在 AS2；peA 和 peB 都下挂着 vpna 和 vpnb 的站点，peA 下挂 vpna 和 vpnb 站点 1，peB 下挂 vpna 和 vpnb 站点 2。

设备清单：路由器 4 台。

2. 技术方案

（1）MP-EBGP（单跳 MP-EBGP 方式）网络拓扑图如图 3-3 所示。

（2）配置步骤。适用设备和版本：H3C MSR、Version 5.20，Beta 1105 版本。

1）peA 配置：

```
 #
  router id 3.3.3.3
 #
 ip vpn-instance vpna
  route-distinguisher 3:1
  vpn-target 1:1 export-extcommunity
```

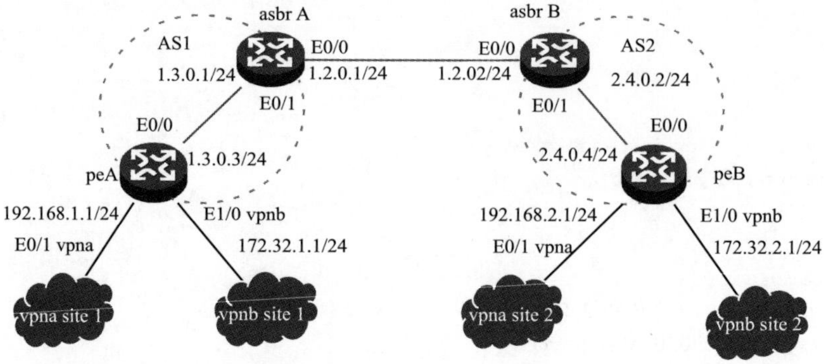

图 3-3　MP-EBGP（单跳 MP-EBGP 方式）网络拓扑图

```
 vpn-target 1:1 import-extcommunity
#
ip vpn-instance vpnb
 route-distinguisher 3:2
 vpn-target 2:2 export-extcommunity
 vpn-target 2:2 import-extcommunity
#
mpls lsr-id 3.3.3.3
#
mpls
#
mpls ldp
#
interface Ethernet0/0
 port link-mode route
 ip address 1.3.0.3 255.255.255.0
 mpls
 mpls ldp
#
interface Ethernet0/1
 port link-mode route
 ip binding vpn-instance vpna
 ip address 192.168.1.1 255.255.255.0
#
interface Ethernet1/0
 port link-mode route
 ip binding vpn-instance vpnb
 ip address 172.32.1.1 255.255.255.0
#
interface LoopBack0
```

```
 ip address 3.3.3.3 255.255.255.255
#
bgp 1
 undo synchronization
 peer 1.1.1.1 as-number 1
 peer 1.1.1.1 connect-interface LoopBack0
 #
 ipv4-family vpnv4
  peer 1.1.1.1 enable
 #
 ipv4-family vpn-instance vpna
  import-route direct
 #
 ipv4-family vpn-instance vpnb
  import-route direct
#
ospf 1
 area 0.0.0.0
  network 3.3.3.3 0.0.0.0
  network 1.3.0.0 0.0.0.255
#
```

2）asbrA 配置：

```
router id 1.1.1.1
#
mpls lsr-id 1.1.1.1
#
mpls
#
mpls ldp
#
interface Ethernet0/0
 port link-mode route
 ip address 1.2.0.1 255.255.255.0
 mpls                          //使能 MPLS 流量转发能力
#
interface Ethernet0/1
 port link-mode route
 ip address 1.3.0.1 255.255.255.0
 mpls
 mpls ldp
#
interface LoopBack0
 ip address 1.1.1.1 255.255.255.255
```

```
#
bgp 1
undo synchronization
 peer 1.2.0.2 as-number 2    //建立 EBGP 连接
 peer 3.3.3.3 as-number 1
 peer 3.3.3.3 connect-interface LoopBack0
 #
 ipv4-family vpnv4
  undo policy vpn-target     //取消 vpn-target 策略
  peer 3.3.3.3 enable
  peer 1.2.0.2 enable         //向 EBGP 邻居发 vpn 所有 vpn 路由
#
ospf 1
 area 0.0.0.0
  network 1.1.1.1 0.0.0.0
  network 1.3.0.0 0.0.0.255
#
```

3）asbrB 配置：

```
#
 router id 2.2.2.2
#
mpls lsr-id 2.2.2.2
#
mpls
#
mpls ldp
#
interface Ethernet0/0
 port link-mode route
 ip address 1.2.0.2 255.255.255.0
 mpls                          //使能 MPLS 流量转发能力
#
interface Ethernet0/1
 port link-mode route
 ip address 2.4.0.2 255.255.255.0
 mpls
 mpls ldp
#
interface LoopBack0
 ip address 2.2.2.2 255.255.255.255
#
bgp 2
 undo synchronization
```

```
peer 1.2.0.1 as-number 1         //建立 EBGP 连接
 peer 4.4.4.4 as-number 2
 peer 4.4.4.4 connect-interface LoopBack0
 #
 ipv4-family vpnv4
  undo policy vpn-target          //取消 vpn-target 策略
  peer 4.4.4.4 enable
  peer 1.2.0.1 enable             //向 EBGP 邻居发 vpn 所有 vpn 路由
#
ospf 1
 area 0.0.0.0
  network 2.2.2.2 0.0.0.0
  network 2.4.0.0 0.0.0.255
#
```

4）peB 配置：

```
router id 4.4.4.4
#
ip vpn-instance vpna
 route-distinguisher 4:1
 vpn-target 1:1 export-extcommunity
 vpn-target 1:1 import-extcommunity
#
ip vpn-instance vpnb
 route-distinguisher 4:2
 vpn-target 2:2 export-extcommunity
 vpn-target 2:2 import-extcommunity
#
mpls lsr-id 4.4.4.4
#
mpls
#
mpls ldp
#
interface Ethernet0/0
 port link-mode route
 ip address 2.4.0.4 255.255.255.0
 mpls
 mpls ldp
#
interface Ethernet0/1
 port link-mode route
 ip binding vpn-instance vpna
 ip address 192.168.2.1 255.255.255.0
```

```
#
interface Ethernet1/0
 port link-mode route
 ip binding vpn-instance vpnb
 ip address 172.32.2.1 255.255.255.0
#
interface LoopBack0
 ip address 4.4.4.4 255.255.255.255
#
bgp 2
 undo synchronization
 peer 2.2.2.2 as-number 2
 peer 2.2.2.2 connect-interface LoopBack0
 #
 ipv4-family vpnv4
  peer 2.2.2.2 enable
 #
 ipv4-family vpn-instance vpna
  import-route direct
 #
 ipv4-family vpn-instance vpnb
  import-route direct
#
ospf 1
 area 0.0.0.0
  network 4.4.4.4 0.0.0.0
  network 2.4.0.0 0.0.0.255
#
```

（3）配置关键点：

1）asbr 间的直连链路必须要使能 MPLS 转发能力。

2）asbr 间要建立 MP-EBGP 连接，配置类似于普通 L3VPN 的 MP-IBGP 连接。

3）asbr 可以不用配置 vpn 实例，需要在 bgp 的 vpnv4 视图下取消 vpn-target 策略。

案例四　分控服务器管理网中断

1. 案例描述

2022 年 10 月 15 日主站自动化值班员发现主站端 ping 某地区 A 集控站

分控服务器 Asrv1 不通，11 月 2 日某地区 B 集控站分控服务器 Bsrv1 更换后也出现同样现象。故障造成主站端无法直接管理到这两台服务器，并造成分控转发 104 通道中断一路。

2. 过程分析

故障机器 Asrv1 和 Bsrv1 同位于某地区 B 集控站通信机房，通过原四级数据网与主站连接，采用同一套网络设备和通信设备。故障现象如下：

（1）两台服务器均能够 ping 通网关（当地四级网路由器的 vpn 子接口地址）。

（2）用 traceroute 命令只可以寻找到下一跳，后续均不可达。

（3）在主站端前置机上能够 ping 通某地区 B 集控站侧网关。

（4）某地区 B 集控站机房中采用同样设备的另外两台服务器 Asrv2 和 Bsrv2 和主站前置机通信正常。

（5）某地区 B 集控站本地局域网的四台服务器之间网络通信均正常。

通过故障现象第（4）条可知某地区 B 集控站机房和主站在通信传输环节上以及路由转发配置上不存在问题，应首先排除；其次，本地局域网畅通、上下两侧服务器用 traceroute 命令均能寻到网关，表明主机网卡工作正常。经过对网络结构的仔细分析，故障初步定位于四级网防火墙配置错误或是服务器路由表配置错误，但在对防火墙以及路由器进一步检查之后，并未发现引起故障的错误配置。

之后自动化人员到某地区 B 集控站机房现场查找故障，在四级网路由器下挂的交换机上用专用笔记本接入，模拟分控端服务器，发现其网络状况和故障情况一致，排除某地区 B 集控站本地网络问题，怀疑是路由器转发程序出现故障，再一次检查路由器配置无误后，重启路由器，故障消除。

3. 结论建议

某地区 B 集控站侧四级数据网路由器型号是华为 NE20，在地调各集控站分控管理网络中广泛使用，之前从未遇到因路由器自身程序问题导致的部分主机正常，而其他主机中断的故障。目前，各集控站配置的四级网设备普遍存在维护力度不足、运行时间较长、运行环境较差的问题，由网络设备引发的故障也逐渐增多，这当中有一部分故障属于疑难杂症，无法用常规的方法解决。因此，在日常维护过程中，对碰到的各种问题和现象不要轻易放过，需进行有效归纳总结，编辑制定故障操作手册，缩短故障处理时间。

案例五 县调 35kV 变电站 ERTU 业务中断

1. 案例描述

2022 年 12 月 18 日主站自动化值班员发现县调 35kV 变电站 ERTU 业务中断，主站端 ping 县调 35kV 变电站 ERTU 业务不通。

2. 过程分析

变电站位于县调，通过地调第一接入网与主站连接。故障现象如下：

（1）在主站端前置机上能够 ping 通变电站网关。

（2）在主站端前置机上不能 ping 通变电站防火墙、交换机、ERTU。

（3）登录到变电站路由器上查看，发现与防火墙连接的端口状态是 UP 的，但 error、crc 持续增加。

通过故障现象第（3）条可知变电站路由器和主站在通信传输环节上以及路由转发配置上不存在问题，应首先排除。经过对网络结构的仔细分析，故障初步定位于变电站路由器连接防火墙、防火墙连接交换机的网线上。

之后县调自动化人员到变电站现场更换路由器连接防火墙、防火墙连接交换机的二根网线，故障消除。

3. 结论建议

变电站设备之间连接的网线是自己做的水晶头，可能是水晶头没有夹好，时间一长接触不良导致。因此，在日常工作中，对设备间的短网线最好使用成品网线，如自己做时一定要做仔细。

案例六 110kV 变电站卫士通加密设备无法管理

1. 案例描述

2022 年 9 月 21 日主站自动化值班员发现 110kV 变电站加密设备无法管理，状态为警告，主站端 ping 110kV 变电站加密设备可以通，且业务正常。

2. 过程分析

厂站位于地调，通过地调第一接入网与主站连接。故障现象如下：

（1）在主站端前置机上能够 ping 通厂站网关、加密设备、业务。

（2）厂站远动业务和主站前置机通信正常。

通过故障现象第（2）条可知厂站和主站在通信传输环节上以及路由转发配置上不存在问题，应首先排除。经过对网络结构的仔细分析，故障初步定位于厂站加密设备配置错误。

之后地调自动化人员和华云科技人员到厂站现场查找故障，发现其加密设备缺少主站加密管理机证书，加入加密管理机证书后故障消除。

3. 结论建议

厂站加密设备是卫士通，在变电站中广泛使用，这次故障可能是配置好设备后没有及时保存，后来设备可能出现掉电重启等情况，从而出现此次故障。因此，在日常工作中，对设备更改过配置后要及时保存。

案例七 VPN 业务丢包故障

1. 案例描述

用户反映部分变电站到主站实时业务、非实时业务出现丢包。

在主站实时网段 ping 故障变电站业务地址，查找路由，发现以下问题：

（1）业务数据从地调 NE20-A 到地调 NE20-B，再到变电站，出现丢包。

（2）业务数据从地调 NE20-B 到地调 NE20-A，再到变电站，出现丢包。

（3）业务数据从地调 NE20-A 直接到变电站，无丢包。

（4）业务数据从地调 NE20-B 直接到变电站，无丢包。

2. 过程分析

通过现象，初步定位问题在地调 NE20-A 和地调 NE20-B 直连链路。登录设备，查看直连端口 ethernet2/0/2 信息（display interface ethernet2/0/2），发现端口带宽利用率达到 98%，而正常接口带宽利用率只有 0.01%左右。

怀疑是以太网接口故障或者是板卡故障，更换 NE20 互联接口和其他槽位的以太网接口，接口带宽同样达到了 98%；然后在 NE20-A 上做镜像抓包，发现 NE20 互联接口存在大量 192.160.1.0/24 的定向广播报文，如图 3-4 所示。

No.	Time	Source	Destination	Protocol	Info
1	0.000000	192.160.1.40	192.160.1.255	UDP	Source port: 45296 Destination port: 12061
2	0.000007	192.160.1.26	192.160.1.255	UDP	Source port: 48686 Destination port: 12061
3	0.000185	192.160.1.26	192.160.1.255	UDP	Source port: 48686 Destination port: 12061
4	0.000192	192.160.1.40	192.160.1.255	UDP	Source port: 45296 Destination port: 12061
5	0.000402	192.160.1.35	192.160.1.255	UDP	Source port: 47397 Destination port: 12061
6	0.000409	192.160.1.35	192.160.1.255	UDP	Source port: 47397 Destination port: 12061
7	0.000578	192.160.1.136	192.160.1.255	UDP	Source port: 58660 Destination port: 12061
8	0.000585	192.160.1.40	192.160.1.255	UDP	Source port: 45296 Destination port: 12061
9	0.000769	192.160.1.40	192.160.1.255	UDP	Source port: 45296 Destination port: 12061
10	0.000776	192.160.1.32	192.160.1.255	UDP	Source port: 52174 Destination port: 12061
11	0.000959	192.160.1.32	192.160.1.255	UDP	Source port: 52174 Destination port: 12061
12	0.000967	192.160.1.57	192.160.1.255	UDP	Source port: 57261 Destination port: 12061
13	0.001142	192.160.1.38	192.160.1.255	UDP	Source port: 45874 Destination port: 12061
14	0.001149	192.160.1.38	192.160.1.255	UDP	Source port: 45874 Destination port: 12061
15	0.001323	192.160.1.139	192.160.1.255	UDP	Source port: 53713 Destination port: 12061
16	0.001329	192.160.1.60	192.160.1.255	UDP	Source port: 60740 Destination port: 12061
17	0.001507	192.160.1.60	192.160.1.255	UDP	Source port: 60740 Destination port: 12061
18	0.001513	192.160.1.131	192.160.1.255	UDP	Source port: 33191 Destination port: 12061
19	0.001625	192.160.1.40	192.160.1.255	UDP	Source port: 45296 Destination port: 12061
20	0.001806	192.160.1.40	192.160.1.255	UDP	Source port: 45296 Destination port: 12061
21	0.001812	192.160.1.35	192.160.1.255	UDP	Source port: 47397 Destination port: 12061
22	0.001989	192.160.1.136	192.160.1.255	UDP	Source port: 58660 Destination port: 12061
23	0.001995	192.160.1.136	192.160.1.255	UDP	Source port: 58660 Destination port: 12061

图 3-4 抓包报文截图

经确认这段地址为地调后台网工作站地址，一开始怀疑是主站侧误接导致，在实时交换机上做镜像抓包，却未发现 192.160.1.0/24 地址。

进一步确认不是主站侧误接导致，把实时、非实时业务全部断开。抓包发现 192.160.1.0/24 的定向广播报文依旧存在，至此排除主站误接。

通过查看路由，发现 192.160.1.0/24 段路由在地调 NE20-A、地调 NE20-B 互指，形成了路由环路。

路由配置的问题，地调 NE20-A、地调 NE20-B 都配置了下列命令：

```
peer 300 upe
peer 300 default-originate vpn-instance realtime
peer 300 default-originate vpn-instance nrt
peer 500 upe
```

```
peer 500 default-originate vpn-instance realtime
peer 500 default-originate vpn-instance nrt
```

该配置会自动生成缺省路由，NE20-A、NE20-B 同时学习到了对端的缺省路由，所以目的地不可达路由 192.160.1.0 形成环路。修改 NE20-B 的配置，路由环路解除，NE20 互联接口流量恢复正常。网络丢包问题解决。

此外，需要确定造成路由环路的源流量 192.160.1.0/24，从哪里误接进入数据网。观察地调 NE-20 各端口流量（display interface），发现瑞安 A 到地调 NE20-A 的流量达到 10%左右，怀疑是瑞安 A 问题。前去现场处理，确实是瑞安 A 后台服务器错误接入到数据网交换机上。

3. 结论建议

本次故障主要原因是瑞安 A 后台业务误接入到调度数据网，导致不可达路由 192.160.1.255 在地调 NE20-A、地调 NE20-B 之间形成路由环路。为避免类似情况发生，防止非法接入，不使用的交换机接口 shutdown。

案例八　传输链路工作模式问题

1. 案例描述

新建设的地调接入网中的六个县调节点和地调节点链路时断时好。

2. 过程分析

新建设的地调接入网中的六个县调节点和地调节点通过 MSTP 传输链路连成一个环，环内设备通过传输设备星型网络互联。在网络调试阶段发现环内传输设备的工作模式不能保证都为千兆、全双工的工作模式，出现有些传输设备的接口会自适应成半双工模式。如此将会产生网络不稳定的隐患。

3. 结论建议

环内所有设备（路由器）的端口都强制为千兆、全双工，故障消除。

案例九　交换机 S3526C CPU 利用率高问题分析

1. 案例描述

2022 年 12 月 4 日浙江省电力调度数据网其中 1 台 S3526C 间歇性地出现 CPU 高现象：该设备正常运行时 CPU 利用率在 20%左右，出现故障时设备 CPU 利用率会非周期性地上升至 100%，在此期间设备的转发也出现异常，对网络造成影响。

2. 过程分析

S3526C 所使用的是 V3.10 0035 版本，设备运行时配置了静态路由，没有启用 STP 协议。在故障出现期间，S3526C 连接设备端口平均每秒钟接收报文数约为 400 个，从现场抓包结果来看，ARP 报文占了 15%，另外还有少量的 STP 和 HSRP 报文，其中没有明显的攻击报文。

在 S3526C 出现此问题期间反复执行命令“display rtl-task”，该命令用来显示从上一次执行该命令后到本次执行该命令期间系统各个任务被调用到的次数和占用 CPU 的百分比。该命令一执行，便清除到目前各个任务占用 CPU 的情况，然后又重新开始统计各个任务的占用率。因此，可以通过连续多次 display rtl-task 来实时的得到各个任务对于 CPU 的占用率，从而确定当前是什么任务占用 CPU，详见下面信息：

```
[ZPEPBDC-3526-A-hidecmd]display rtl-task
00, taskid:83af9000, longest:   1, total:   3364,   6.7 %, name:STmr
01, taskid:83b03800, longest:   1, total:     26,   0.0 %, name:SYST
02, taskid:83b0e000, longest:   1, total:      2,   0.0 %, name:DHCC
03, taskid:83d2a800, longest:   4, total:     12,   0.0 %, name:tBCMlink
04, taskid:83d28000, longest:   0, total:      0,   0.0 %, name:tARL
05, taskid:83d2d000, longest:   0, total:      0,   0.0 %, name:tL3-AGE
06, taskid:83aee800, longest:   6, total:    755,   0.6 %, name:WEIL
07, taskid:83b18800, longest:  10, total:    291,   0.5 %, name:Au0
08, taskid:83bb6000, longest:   1, total:     31,   0.0 %, name:DTCT
09, taskid:83bff800, longest:   0, total:      0,   0.0 %, name:MCAS
10, taskid:83bf5000, longest:   0, total:      0,   0.0 %, name:DT1X
11, taskid:83bea800, longest:   0, total:      0,   0.0 %, name:CFM
12, taskid:83be0000, longest:   1, total:      9,   0.0 %, name:NTPT
```

```
13, taskid:83bd5800, longest:   1, total:      1,    0.0%, name:HABP
14, taskid:83bcb000, longest:   1, total:     45,    0.0%, name:NTDP
15, taskid:83bc0800, longest:   1, total:     12,    0.0%, name:CLST
16, taskid:83bab800, longest:   0, total:      0,    0.0%, name:TRAP
17, taskid:83ba1000, longest:   0, total:      0,    0.0%, name:AGNT
18, taskid:83b96800, longest:   0, total:      0,    0.0%, name:LS
19, taskid:83b8c000, longest:   1, total:      2,    0.0%, name:LSSO
20, taskid:83b81800, longest:   2, total:      5,    0.0%, name:ACM
21, taskid:83b77000, longest:   1, total:      4,    0.0%, name:RDS
22, taskid:83b6c800, longest:   0, total:      0,    0.0%, name:RDSO
23, taskid:83b62000, longest:   0, total:      0,    0.0%, name:RSA
24, taskid:83b57800, longest:   1, total:     10,    0.0%, name:VTYD
25, taskid:83b4d000, longest:  10, total:  45277,   91.3%, name:SOCK
26, taskid:83b42800, longest:   0, total:      0,    0.0%, name:FIB
27, taskid:83b38000, longest:   1, total:     12,    0.0%, name:ROUT
28, taskid:83b2d800, longest:   7, total:     73,    0.1%, name:INFO
29, taskid:83c29800, longest:   0, total:      0,    0.0%, name:HTTP
30, taskid:83c0a000, longest:   7, total:     33,    0.0%, name:DEV
31, taskid:83c5e000, longest:   0, total:      0,    0.0%, name:NDP
32, taskid:83c53800, longest:   1, total:      1,    0.0%, name:HgpS
33, taskid:83c49000, longest:   1, total:      4,    0.0%, name:RMON
34, taskid:83c3e800, longest:   0, total:      0,    0.0%, name:RSTP
35, taskid:83c34000, longest:   1, total:     25,    0.0%, name:VLAN
36, taskid:83c1f000, longest:   1, total:      4,    0.0%, name:DHCP
37, taskid:83c14800, longest:   0, total:      0,    0.0%, name:VRRP
38, taskid:83b23000, longest:   0, total:      0,    0.0%, name:STND
39, taskid:83d37000, longest:   2, total:      2,    0.0%, name:L3AD
40, taskid:83d34800, longest:   2, total:      2,    0.0%, name:L3Ck
41, taskid:83d32000, longest:   0, total:      0,    0.0%, name:FrWl
42, taskid:83c7d800, longest:   0, total:      0,    0.0%, name:RPF
43, taskid:83c73000, longest:   0, total:      0,    0.0%, name:ADDR
44, taskid:83ca7800, longest:   0, total:      0,    0.0%, name:LPTk
45, taskid:83d2f800, longest:   0, total:      0,    0.0%, name:DMac
46, taskid:83c9d000, longest:   0, total:      0,    0.0%, name:PhyM
47, taskid:83c92800, longest:   1, total:     10,    0.0%, name:PChk
48, taskid:83c88000, longest:   1, total:     94,    0.0%, name:PINT
49, taskid:83c68800, longest:  10, total:    132,    0.2%, name:Rcv0
50, taskid:83cb2000, longest:   1, total:    198,    0.0%, name:FTPS
51, taskid:83cbc800, longest:   1, total:      7,    0.0%, name:vt0
```

从 S3526C 设备的数据库中引起 CPU 高的原因可归为如下几种：

（1）IPFDB 表中 IP 地址不是有序排列的。设备直连网段的 IP 地址都会添加到 IP 表中，这样后续访问该直连网段 IP 地址的报文就可以更加快速地在该 IP 表中直接找到目的 IP。同时，设备上也可能因为硬件路由不够而学习间接 IP。IP 表是 IP 报文三层转发需要查的第一张表，如果收到的报文的目的 IP 地址在这个表中，就会被硬件转发出去。

正常情况下，设备 IPFDB 看到的 IP 地址是按照升序排列的。如果看到有写小的 IP 地址排列到了大的 IP 地址后面，则说明出现了这一种情况。

如果 IPFDB 表中 IP 地址不是有序排列的，那么根据硬件逻辑查找 IP 表采用的二分法将有可能不能命中某些 IP，这样，即使有些 IP 地址在地址表中，以该 IP 为目的 IP 报文还是上 CPU 来软转发，导致 CPU 利用率高。

IP 表乱序的问题在 0035 及以上版本已经解决。

（2）ARP 表中有 ARP，但是 IPFDB 表中没有对应的 IP 地址。这个问题可以通过对比 ARP 表和 IPFDB 的结果来进行判断，正常情况下，所有在 ARP 表中出现的 IP 都应该在 IPFDB 表中。否则，则可能出现这种情况。

当 ARP 表中有某个 IP，而 IPFDB 表中没有 IP 时，目的 IP 是该 IP 的报文不会被硬件转发，而是上送至 CPU 并送到协议栈。当协议栈在处理时看到自己的 ARP 表中有对应的 IP，所以不会发送 ARP 去解析这个 IP，导致 IP 表一直不能够学习到该 IP 地址。从而一直软转发。从而造成 CPU 利用率高。

（3）报文的目的 IP 地址是直连网段的 IP 地址，但是该目的 IP 地址在 ARP 表和 IPFDB 表中都没有。

这种情况可以归纳为攻击类。当设备收到一个目的 IP 是设备的直连网段，但是这个 IP 当前并不存在报文时，该报文会上送 CPU，并放入协议栈。协议栈发现这个目的 IP 是直连网段，且自己没有这个目的 IP 地址的 ARP，就会发送 ARP 报文去解析这个目的 IP。由于这个目的 IP 地址没有上线或者不存在，则不能解析到。攻击者每发送一个报文，上述过程就会重复，以至于 CPU 高。

此问题可以通过配置一条下一跳为 NULL 的主机路由，同时启用 system guard 功能识别攻击源，并丢弃来自攻击源的上 CPU 的报文进行解决。

（4）因为设备上路由太多，导致默认路由被挤出路由表，设备上需要学习大量的间接 IP，导致 IP 表超大。

由于 S3526C 只支持 16 条硬件路由，当设备上的路由条数较多，且不能聚合时导致硬件路由表中默认路由被挤出路由表时。大量通过默认路由转发的报文首包都会上 CPU 去转发，同时学习该报文的目的 IP 地址。在这种情况下，设备的 IP 表会很快膨胀。由于设备的 IP 表是一个有序表，添加一个 IP 地址会涉及重新排序的问题，因此 IP 表越庞大，则排序越耗时，因此也会导致 CPU 高。此时会看到 L3AD 任务占用率会高。如果 IP 表一直膨胀，到 2K 的基线，CPU 就会一直忙于添加新 IP，删除旧 IP，导致 CPU 居高不下。

由于 S3526C 的路由条数限制，只能通过优化组网，减少路由条数等方法来解决。

3. 结论建议

在本次故障中，当设备 CPU 高时，可以看到 SOCK 进程占用 CPU 较多，此进程为 CPU 处理协议报文时所调用。而从抓包记录中未能发现明显的攻击报文，故可以认定此次故障是由于 ARP 与 IP 表不一致造成的。

如果设备再次出现此问题，可以清除设备 ARP 表中对应表项，让设备重启解析该 ARP，并正确地添加到 IPFDB 表中。

若要彻底解决 S3526C 由于 IP 表和 ARP 表不一致造成的 CPU 利用率高问题，推荐将设备升级至 R0041 及以上版本。考虑到省调度网内 S3526C 数量较多，且分布在各个地市，建议在进行省调设备巡检时对各地市协调安排 S3526C 升级操作。

案例十　调度数据网异常告警分析

1. 案例描述

在调度数据网运行过程中，在多地设备上发现有告警信息频繁上报的现象。在网管上频繁收到提示事件告警。

设备上告警日志类型为：

华为设备	LSPM/4/MPLSXCDOWN LSPM/4/MPLSXCUP
华三设备	LSPM/4/TRAP<mplsXCUp> LSPM/4/TRAP<mplsXCDown>

2. 过程分析

为了查清网络中频繁出现的告警的根本原因，在一平面和二平面的备调设备上对所有的告警信息和LOG信息进行了统计，并开启DEBUG对告警和LOG信息进行详细分析。

经过对设备上的日志进行分析，将触发告警的原因分为如下几类：

(1) 骨干网内链路震荡导致路由刷新。

(2) 各省子区内路由不稳定导致路由刷新。

(3) 各省接入网或地调接入网内路由刷新。

(4) 骨干网与接入网互联接口震荡导致路由刷新。

3. 结论建议

通过对告警信息的分析发现，目前网络中的告警数量非常庞大，严重影响设备性能，并增加维护难度，所以各级单位应尽快根据上述详细分析数据开展自查，排查方法可以参考附录中的告警分析方法。

各地在进行告警排查时可以重点关注如下几个方面：

(1) 本区域内是否有传输链路不稳定的情况。

(2) 本区域内是否有线路质量不好导致接口频繁震荡的情况。

(3) 本区域内是否有设备不稳定的情况。

(4) 本区域内是否有路由未汇聚的情况。

(5) 本区域内是否有其他配置问题。

请在排查出问题后尽快完成修正，使调度网恢复稳定运行的状态。

案例十一　500kV变电站路由器故障

1. 案例描述

经反馈，2022年4月9日早上500kV变电站路由器出现故障，500kV

变电站及其下挂变电站业务暂时中断。现场人员查看设备风扇指示灯掉电，风扇无转动声音，0 号、2 号槽位掉电，5 号槽位主引擎 ALARM 灯亮，4 块电源模块均亮绿灯。

由于 2 月 27 日已经出现过类似现象，现场人员赶到现场后，在恢复业务前首先对现场进行了观察，首先观察风扇指示灯，指示灯已灭，感觉单板温度有点烫，先对风扇进行插拔，风扇处于停止转到状态。然后对主控板进行插拔，首先进行设备下电重启，设备启动后运行正常，业务恢复正常。

2. 过程分析

4 月 26 日对设备进行了替换操作，并将整机返回给研发，研发收到设备立即投入问题的复现工作。

(1) 从用户现场最后的返回信息来看，确认故障期间风扇已经停止转动，可以确认单板下电就是如上次分析的，风扇不转导致温度过高，单板下电。

(2) 考虑到问题出现是过了两个月再出现的，故障概率较小。从现象分析如下：

1) 风扇停止转动并且打印 Access temperature chip error。

2) 没有风扇相关告警。

3) 打印温度告警，并且由于温度过高单板下电。

从现象上分析，问题主要的怀疑点在于风扇上的电源芯片的故障导致，只有电源芯片故障才会同时造成风扇全部停转以及打印 Access temperature chip error 的访问故障，因此可以进行电源芯片的故障模拟来确认现象符合度。

(3) 图 3-5 所示为电源芯片的设计原理图。

实现原理上 SR6616 的风扇框告警信号是低电平表示有告警，高电平表示没有告警，主控板上上拉设计，即风扇框检测到故障，那么告警信号会被拉到低电平，但是如果电源芯片故障，则无法提供输入电压，那么就会按照默认的上拉电平，主控板将无法检测到告警信号。能够应征没有风

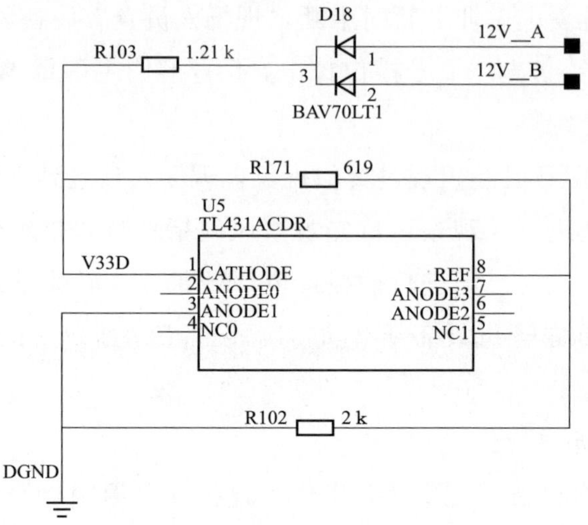

图 3-5 电源芯片的设计原理图

扇告警的现象（关于这点设计上导致的无告警，在后续出现温度告警的情况下，软件上会主动去获取单板温度以及风扇转速信息，避免此类故障导致的检测不到故障问题）。

由于现场故障期间，风扇没有任何故障告警，因此需要确认电源芯片的具体故障类型。

（4）通过分析电源芯片的实现原理，把故障点主要聚焦在 12V 转 3.3V 的芯片上（如图 3-5 所示）。

通过进一步分析，可以确认该电源芯片故障会造成如下故障：风扇在位，灯不亮，也没有风扇告警信息，并且风扇停止转动的现象。

上述分析的过程中，设备到目前为止并没有出现风扇停转的问题，考虑到现场也是过了 2 个多月出现的问题，所以直接考虑在高低温的环境下进行复现操作，并且主要监控 12V 转 3.3V 的电压输出。

长期高低温带业务复现过程中，抓取到了电压跌落的过程，电压跌落到 0V，证实了之前分析的故障点。电压跌落如图 3-6 所示。

测试回到正常温度，依然无法恢复，风扇依旧故障，拔插风扇后现象消失，因此可以确认为是 12V 转 3.3V 的电源芯片软失效的问题。

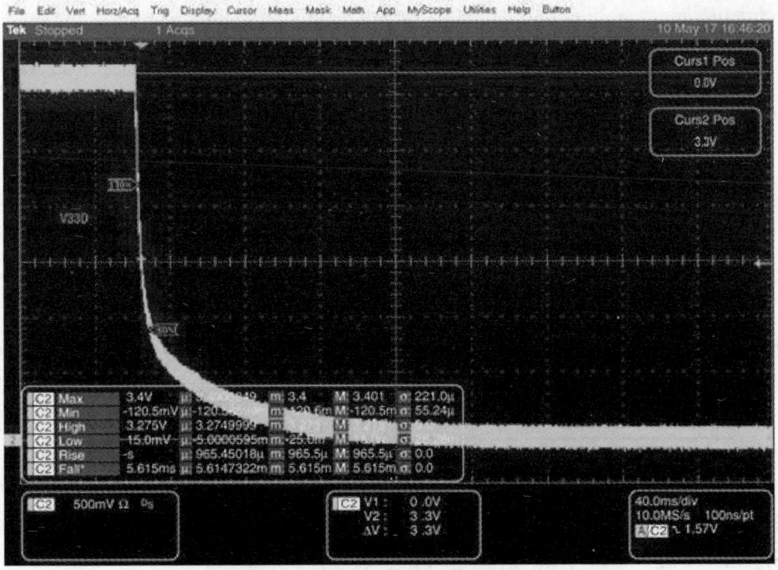

图 3-6　电压跌落

（5）风扇返回厂家分析得出如下结论：风扇芯片有 EOS 损伤，导致概率性功能失效。经Ⅰ-Ⅴ曲线测试失效品，发现 Pin 7&8 与 GND 之间有漏电，如图 3-7 所示。X-RAY 检测未发现失效样品异常，如图 3-8 所示。把芯片进行去层分析，一层层剥离，然后用电子扫描显微镜观察，在其中一层上看到 EOS 损伤。EOS 损伤如图 3-9 所示。

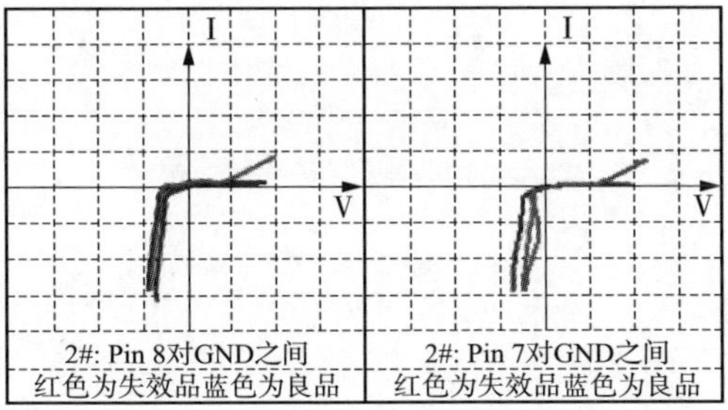

图 3-7　曲线测试

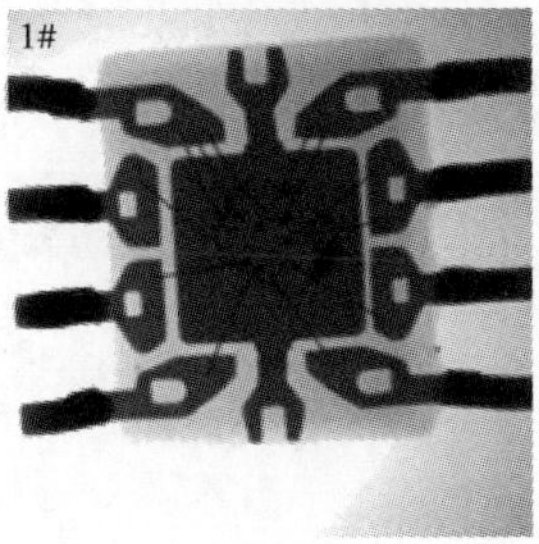

图 3-8　X-RAY 检测

3. 结论建议

（1）故障原因。

1）通过对日志现象及内部复现分析可以断定是 12V 转 3.3V 的电源芯

片软失效的问题。

2）通过返回厂家分析，风扇芯片有 EOS 损伤，导致概率性功能失效。

（2）解决方案。需要更换风扇来彻底解决问题。

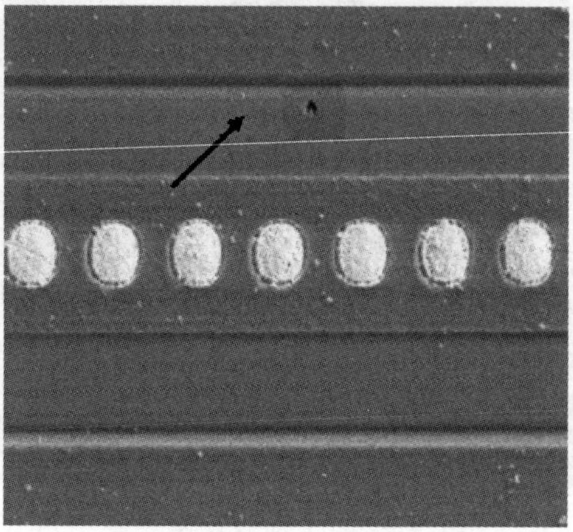

图 3-9 EOS 损伤